ÉTUDE

DES

FORÊTS DU RISOUX

FAITE

SUR LA DEMANDE DES COMMUNES PROPRIÉTAIRES,

PAR

A. GURNAUD,

ANCIEN ÉLÈVE DE L'ÉCOLE DE NANCY.

BESANÇON,

IMPRIMERIE ET LITHOGRAPHIE DE J. JACQUIN,

Grande-Rue, 14, à la Vieille-Intendance.

—

1870.

Les Maires des communes de Morez, les Rousses, Bois-d'Amont, Morbier, Bellefontaine et la Mouille, soussignés,

Considérant que dans les forêts dont leurs communes sont respectivement propriétaires au Risoux, le nombre des arbres secs, dépérissants et chablis augmente chaque année, et que dans les coupes annuelles une grande partie des arbres exploités sont tarés et de très peu de valeur, ce qui est une perte pour les communes propriétaires et pour le commerce, qui a intérêt à livrer à la consommation du bois sain;

Considérant que le conseil général du département du Jura, notamment dans les délibérations des 3 septembre 1861, page 330, 2 septembre 1862, page 109, 30 août 1863, pages 139 à 142, 28 août 1865, page 118, insiste pour que les communes prennent plus de part à l'administration de leurs bois, et usent davantage de l'initiative qui leur appartient comme propriétaires,

Ont résolu

De confier à M. Gurnaud, ancien élève de l'Ecole Forestière, l'étude des forêts du Risoux.

Le but de cette étude est de rechercher les causes du dépérissement, les moyens de l'arrêter et la marche à suivre pour rétablir les forêts.

Fait à Morez, le 25 janvier 1869.

Le Maire des Rousses,
PAGET.

Le Maire de Bois-d'Amont,
CRESTIN.

Le Maire de Morbier,
BAILLY-SALIN.

Le Maire de Bellefontaine,
ROMAND.

Le Maire de la Mouille,
BUSSOD.

Le Maire de Morez,
LAMY.

PREMIÈRE PARTIE.

ÉTUDE GÉNÉRALE DU RISOUX.

⸺⁂⸺

I.

NOM. — LIMITES. — CONTENANCE.

La forêt du Risoux, anciennement indivise, est partagée entre six communes, savoir :

Morez, qui possède	218ʰ	49ᵃ
La Mouille, ...	57	46
Les Rousses, ...	555	16
Bois-d'Amont, ...	299	30
Morbier, ...	475	99
Bellefontaine, ...	472	45
Ensemble	2,078	85

Elle est située dans une des régions les plus élevées de la chaîne du Jura, sur le plateau du Risoux, qui lui donne son nom.

Confinée à l'est, au sud et à l'ouest par des pentes escarpées et rocheuses, elle est limitée du côté du nord par des propriétés particulières qui forment la continuation du plateau. A vol d'oiseau, elle a huit kilomètres de longueur, sur une largeur à peu près uniforme de trois kilomètres.

Elle ne renferme pas de sources, et les eaux pluviales s'écoulent au sud et à l'ouest, par la Bienne, dans le bassin du Rhône, tandis qu'à l'est elles se rendent, par l'Orbe, dans le bassin du Rhin.

II.

ALTITUDE. — VIABILITÉ. — DÉBOUCHÉS.

Le plateau du Risoux appartient à l'étage supérieur du système oolithique. Il est accidenté. Les points culminants sont à 1,300 et 1,400 mètres et les points les plus bas à 1,100 et 1,200 mètres d'altitude.

L'accès en est très difficile, et l'extraction des bois se fait encore par d'anciens chemins à peu près impraticables. L'établissement de bonnes routes aurait de très grands avantages. A cet égard, et sans préjuger cette question, dont les communes s'occupent en ce moment, nous appellerons l'attention sur l'utilité de l'étude à frais communs d'un système de routes et chemins s'appliquant à l'ensemble du Risoux et sur l'opportunité :

1º D'établir, indépendamment des deux sorties de routes actuellement en construction et de celle projetée par Trélarce, une quatrième sortie sur Bois-d'Amont;

2º De relier ces débouchés par des chemins intérieurs convergeant vers le centre du massif, près de la Croix-du-Tronc et à son extrémité du côté de Trélarce;

3º Et de relier, à la sortie sur Trélarce, le chemin actuel de la Croix-du-Tronc, plutôt que de lui conserver son débouché par le bois de la Mouille.

Les produits du Risoux servent à l'alimentation des industries locales, à l'usage des habitants et au commerce. Avec cet ensemble de voies de transport, ils arriveront facilement sur tous les points, notamment à Morez, Bellefontaine et Bois-d'Amont, centres principaux du débit et de la vente des bois d'industrie, et l'augmentation de prix qu'ils obtiendront indemnisera largement du coût de ces travaux, dont les frais de premier établissement et d'entretien pourraient utilement donner lieu à une convention préalable entre les communes inté- ressées.

III.

CLIMAT. — SOL. — FERTILITÉ.

Le sol repose sur une roche compacte de calcaire portlandien, apparaissant souvent à la surface. Dans les dépressions il a quelquefois de la profondeur. En général, il forme une couche peu épaisse qui se réduit quelquefois à du terreau recouvert de mousse.

Il peut fournir une bonne végétation forestière, mais il est nécessaire pour cela qu'il ne soit ni trop découvert ni sur-chargé d'un matériel trop considérable.

Trop découvert, le terreau disparaît rapidement sous l'action des météores, qui est énergique sur ces hauts plateaux sans abri.

Trop surchargé de matériel, il cesse de participer dans une mesure suffisante à l'action atmosphérique et n'a qu'un fonc-tionnement incomplet; il s'appauvrit alors, et, en même temps que l'accroissement diminue, les arbres perdent leur vigueur.

IV.

ESSENCE. — VÉGÉTATION. — INSECTES.

L'épicéa est l'essence dominante. Le plus souvent il forme des peuplements purs. Quelquefois il est en mélange avec le sapin et le hêtre. On rencontre dans les peuplements mélangés quelques essences feuillues autres que le hêtre, telles que l'é-rable, l'alisier et le sorbier.

Dans les peuplements mélangés, la végétation est générale-

ment meilleure que dans les peuplements d'épicéa sans mélange, et les habitants du pays ont remarqué que l'enlèvement
du sapin et surtout du hêtre, pour former des peuplements
d'épicéa pur, n'a pas été favorable à la forêt.

Les peuplements d'épicéa sans mélange ont une bonne végétation lorsqu'ils ne sont ni trop serrés ni trop âgés, et surtout
lorsqu'ils forment, pour ainsi dire, deux étages, l'un dominant
composé de bois dépassant l'âge moyen, assez espacés, et l'autre
de bois jeunes et n'ayant été ni trop longtemps ni trop fortement dominés. Mais lorsque les peuplements sont trop serrés,
soit qu'ils se composent d'arbres ayant les mêmes dimensions,
soit qu'ils se composent d'arbres de différentes dimensions,
entremêlés, la végétation est languissante. En général, les
parties du Risoux d'un accès difficile et où l'on a peu exploité présentent l'aspect d'une végétation languissante, et
dans les parties où l'on a exploité davantage, mais avec mesure et en conservant un matériel de bois sur pied suffisant
et bien choisi, la végétation est très satisfaisante.

Après l'ouragan de l'automne 1864, qui a sévi surtout dans
les parties trop fortement entamées par les coupes, le bostriche
s'est propagé dans les chablis qui ont séjourné longtemps sur
le sol. On nous a assuré qu'en beaucoup d'endroits ils n'ont été
débarrassés qu'au bout de deux ans. Cet insecte, qui se multiplie
avec une rapidité extraordinaire, a ensuite attaqué les arbres
d'une végétation languissante. Il attaque à présent les arbres
même les plus vigoureux, et les ravages qu'il occasionne sont
très considérables. Lorsqu'il apparaît quelque part, les arbres
sèchent de proche en proche, et le mal s'étend comme la tache
d'huile. On n'a rien fait jusqu'à présent pour le combattre, bien
que l'école forestière, ainsi que nous l'avons appris, ait signalé
sa présence lorsqu'elle a visité le Risoux en 1868. L'insuffisance
des coupes annuelles, les retards apportés dans la vente ou la
délivrance des arbres secs et dépérissants, et le système de pré-

comptage pratiqué par l'administration forestière, en diminuant les possibilités déjà trop faibles, ont certainement contribué à sa multiplication.

Le sapin ne paraît pas avoir formé au Risoux, depuis long-temps du moins, de peuplement sans mélange d'autres essences. Il est moins répandu dans les peuplements qu'il ne l'était autrefois, parce qu'à certaines époques, sans se préoccuper des avantages que présente le mélange au point de vue cultural, on l'exploitait partout où il se rencontrait, afin de l'exclure des peuplements et de ne conserver que l'épicéa, dont le bois, mieux approprié aux industries locales, est plus estimé que celui du sapin.

Le hêtre est quelquefois sans mélange d'autres essences, surtout au bord du massif du côté des Rousses. Il est sur souches. Autrefois on l'exploitait par un furetage irrégulier qui paraît abandonné depuis 25 ou 30 ans. On voit encore sur la même souche des rejets de trois, quatre et quelquefois cinq âges différents. Mais, depuis la suppression du furetage, toute exploitation ayant cessé, le massif est trop serré et les rejets dominés sèchent.

Sur beaucoup de points le hêtre a été exclu des peuplements par des exploitations radicales, qui n'ont pas été favorables à la végétation.

Les autres essences feuillues dont on remarque des échantillons au Risoux sont, ainsi que nous l'avons dit, l'érable, l'alisier et le sorbier. Fort rares à présent, il est probable qu'elles ont été plus nombreuses autrefois.

V.

ORIGINE PROBABLE DES PEUPLEMENTS.

En examinant attentivement le massif du Risoux, sans s'arrêter aux parties exclusivement peuplées de hêtre ni à celles qui ont été ravagées, on reconnaît que les peuplements dominants se composent en majorité de bois âgés de 100 à 120 ans, sous lesquels les semis naturels ont, depuis longtemps, cessé presque complétement de se produire. Anciennement les semis étaient très abondants et ont produit de jeunes bois, la plupart du temps extrêmement serrés et dominés par les vieux bois, qui sont eux-mêmes beaucoup trop nombreux partout où les massifs n'ont pas été entamés.

Cette constitution générale bien caractérisée donne sur l'origine des peuplements actuels les indications suivantes :

Il est probable qu'il y a environ un siècle le Risoux était surchargé de vieux bois, et qu'à cette époque il a supporté uniformément sur toute son étendue de très fortes exploitations qui ont entraîné en peu de temps la coupe générale de la presque totalité des bois qui étaient alors exploitables.

Cette probabilité est assez forte à nos yeux pour que nous n'hésitions pas à la formuler et à l'expliquer.

Dans les plateaux du Jura, lorsqu'on fait la coupe en quelques années seulement, et pour ainsi dire en une seule fois, de la presque totalité des arbres exploitables d'une sapinière, le sol est dénudé par places, et dans les parties composées d'arbres de différents âges, les jeunes bois qui ne sont pas détruits par l'exploitation sont longtemps à se remettre. Partout où le sol est suffisamment dégarni, il se produit une végétation de morts-bois à laquelle succèdent les bois feuillus et surtout le hêtre. Ceux-ci enlevés, les résineux reparaissent et forment des peuplements réguliers composés de bois tous à peu près de même force. La forêt présente alors un aspect uniforme, et sur cet ensemble dominent des arbres plus âgés et généralement espacés, provenant des jeunes bois qui se sont rétablis après l'exploitation de l'ancienne sapinière.

Telles ont été, depuis un siècle, les transformations du

Risoux pour arriver à l'état actuel. Les forges de Morez ont brûlé les bois feuillus, dont les grandes coupes sont terminées depuis une quarantaine d'années. C'est de la semence des arbres dominants, restes de l'ancienne sapinière, que provient la jeunesse extrêmement serrée que l'on remarque sous les vieux bois. Ces arbres dominants étaient en nombre évidemment restreint, et, pour ainsi dire, épars dans les peuplements. Ils ont été successivement enlevés par des coupes jardinatoires, qui étaient de faible importance et sans rapport avec la production générale de la forêt. Avant les aménagements du Risoux, qui ne remontent pas au delà de 1857, les possibilités établies par l'usage, c'est-à-dire d'après les jardinages dont il vient d'être parlé, étaient par conséquent beaucoup trop faibles. C'est l'insuffisance des coupes qui est la cause première de l'état actuel du Risoux. Les peuplements résineux se sont développés à peu près dans les conditions de la forêt abandonnée à elle-même, l'accroissement est depuis longtemps stationnaire et presque arrêté, et la forêt est entrée dans la période du dépérissement.

L'origine des parties exclusivement peuplées de hêtre peut remonter à une époque beaucoup plus reculée que celle des sapinières, parce que le furetage auquel elles paraissent avoir été soumises de temps immémorial, et qui se pratique encore dans beaucoup de forêts particulières, a la propriété de perpétuer presque indéfiniment la consistance des massifs.

Quant aux parties ravagées, les dégâts causés par les ouragans et par le bostriche ont été provoqués et aggravés par un traitement défectueux et de mauvaises exploitations; mais ce ne sont là, en réalité, que des causes secondaires. Depuis longtemps les massifs y étaient en quelque sorte préparés. L'insuffisance des exploitations, en amenant à la longue l'uniformité des peuplements, le ralentissement de la végétation, et finalement l'état de dépérissement, est la cause première du mal.

VI.

Par définition, le traitement d'une forêt est l'ensemble des opérations à faire pour l'exploiter et l'améliorer, et l'aménagement est la réglementation du traitement pour une durée déterminée.

Loin d'améliorer la forêt du Risoux, le traitement auquel elle a été soumise l'a conduite au dépérissement; les repeuplements naturels ont depuis longtemps cessé de se produire, l'accroissement est devenu très faible; enfin, les chablis et les bois secs s'y multiplient dans des proportions qui ont alarmé les communes.

Les premiers aménagements faits au Risoux datent de 1857. Avant cette époque, de simples règlements de possibilité, établis d'après d'anciens usages, en tenaient lieu. Les auteurs de ces aménagements, plutôt que de rechercher ce que le traitement suivi jusqu'alors pouvait avoir de défectueux, ont attribué l'état du Risoux aux rigueurs du climat, à la nature du sol et à la violence des vents sur les hauts plateaux. Puis, ils ont adopté, sans le justifier, un système d'aménagement qui donne lieu à de nombreuses réclamations de la part des communes, et que nous devons apprécier.

Remarquons d'abord que l'explication de l'état du Risoux par la rigueur du climat ne prouve rien et ne peut justifier l'adoption du système d'aménagement dont on s'est servi. L'aménagement doit se justifier par le traitement, qui, lui-même, doit être réglé d'après les exigences particulières de la forêt, et ce n'est pas l'inverse qui doit avoir lieu.

Nous avons déjà dit que depuis longtemps les exploitations sont insuffisantes au Risoux; c'est ce qui frappe tout d'abord en visitant la forêt. On voit ensuite que l'assiette des coupes est faite avec hésitation, et plutôt sous l'influence de préoccupations théoriques que d'après une connaissance approfondie des besoins de la forêt. Ce qui le prouve, c'est que les peuplements, qui, avant les aménagements, étaient partout d'une consistance uniforme, n'ont été mis en coupe que dans quelques parties, et que le surplus est resté à peu près intact, car c'est à peine si on y a enlevé les bois secs et chablis.

Les règlements de possibilité fixaient primitivement les coupes annuelles par nombres d'arbres, que l'on a convertis dans la suite en mètres cubes. Antérieurement à 1857, l'âge des bois était fixé à 100 ou 110 ans, et les chiffres de possibilité correspondaient à un mètre cube environ par hectare. L'hectare moyen, au Risoux, contenant de 300 à 350 mètres cubes, l'accroissement moyen, en tenant compte de la coupe faite à raison d'un mètre cube par hectare et par an, est de quatre mètres cubes. La possibilité, c'est-à-dire le montant de la coupe annuelle, ne représentait donc que le quart de l'accroissement. Ainsi s'explique l'accumulation de matériel, la lenteur de la végétation, et finalement le dépérissement de la forêt, conséquences de ce qu'on entretenait sur le sol un matériel plus considérable que ne le comporte la fertilité. L'excès de matériel, en soustrayant trop complétement le sol à l'action atmosphérique, l'empêche de fonctionner normalement, l'appauvrit à la longue et amoindrit la fertilité.

Les aménagements faits depuis 1857 ont élevé la coupe annuelle à deux et trois mètres cubes par hectare, et fixé l'âge des bois à 160 ans. En changeant ainsi arbitrairement l'âge des bois, on est parvenu à faire cadrer à peu près le chiffre de la possibilité avec celui de l'accroissement moyen passé. Mais cet allongement de la révolution est une simple fiction, et la possibilité reste au-dessous de l'accroissement.

Cet âge de 160 ans, fixé arbitrairement pour l'exploitation

des bois, a été subdivisé en quatre périodes égales de quarante ans chacune.

Sur ces données on a établi un cadre d'aménagement qui consiste à affecter à chacune de ces périodes un quart de la contenance de la forêt pour être régénéré, savoir : le premier quart dans les quarante premières années de la révolution de 160 ans, le second dans les quarante années suivantes, et ainsi de suite. Mais les peuplements du Risoux ayant une consistance uniforme, pour dissimuler les inconvénients qu'il pouvait y avoir à reculer ainsi de quarante ans l'exploitation du second quart, de quatre-vingts ans celle du troisième, et de cent vingt ans celle du quatrième, on a été entraîné à fausser les descriptions de ces différentes parties de la forêt ou affectations. Comme les peuplements renferment des bois de différents âges, on n'a considéré que les bois de l'âge dont on avait besoin, et regardé tout le reste comme accessoire. Avait-on besoin, par exemple, de bois de l'âge de 60 à 70 ans? On ne s'occupait que de ceux-ci, et les bois dominants, qui formaient en réalité la consistance générale du massif, étaient indiqués comme nuisibles et devant être extraits. C'est ainsi qu'on a décrit les troisièmes et quatrièmes affectations. Les exploitations faites par suite de ces appréciations forcées ont eu souvent des résultats désastreux. Il est arrivé que l'on a enlevé en une seule fois jusqu'à 150 mètres cubes à l'hectare, et que l'on a ainsi détruit ou considérablement endommagé les bois restants, qui ne ressemblent guère, après ces coupes, aux peuplements de 60 à 70 ans que l'on avait décrits.

Les coupes de régénération commencées dans le premier quart ou première affectation de chaque forêt ont été faites beaucoup trop claires. Les vents ont renversé la plus grande partie des arbres qu'on avait réservés pour donner de la semence, et il ne s'est pas produit de repeuplement naturel.

En comparant par les résultats ce traitement à celui qui était précédemment appliqué, on voit que le traitement ancien a eu l'avantage de conserver le sol couvert.

Si ce traitement nouveau eût été expliqué en forêt aux communes, c'est-à-dire si les communes avaient été appelées aux travaux de l'aménagement de leurs bois, il n'est pas douteux qu'agissant en connaissance de cause, elles ne s'y fussent opposées avec succès, et qu'elles ne fussent parvenues à empêcher, au moins en partie, le mal qui est arrivé.

Le système de traitement et d'aménagement appliqué au Risoux doit, d'après la théorie, donner en même temps le produit le plus élevé et le rapport soutenu. Nous venons de voir les difficultés qu'il présente dans l'application, et nous allons démontrer qu'il ne peut donner, quand même il serait facilement applicable, ni le produit le plus élevé ni le rapport soutenu.

Remarquons d'abord que l'accroissement annuel d'un arbre est le volume dont cet arbre augmente par la végétation de l'année, que l'accroissement annuel d'un hectare de forêt est la somme des accroissements pendant l'année de chacun des arbres qu'il renferme, et qu'il faut par conséquent toujours avoir un certain nombre d'arbres en réserve après les coupes.

De plus, il est évident que pour obtenir le produit le plus élevé, il faut toujours avoir sur l'hectare une réserve appelée matériel d'exploitation, capable d'utiliser toute la fertilité. Il en est nécessairement de même si l'on raisonne sur l'ensemble de la forêt; car si cette réserve était insuffisante sur un point, une partie de la fertilité ne serait pas utilisée ; l'accroissement annuel, c'est-à-dire le produit, serait moindre sur ce point qu'il ne pourrait être, et, en définitive, la forêt ne donnerait pas le produit le plus élevé.

Or, il est facile de reconnaître que dans le Risoux, pour utiliser toute la fertilité, il faut avoir, après la coupe, un matériel d'exploitation de 150 à 200 mètres cubes à l'hectare, et il est certain que l'affectation en tour de régénération, qui représente le quart de la forêt, ne contiendra après l'exploitation, même dans l'hypothèse la plus avantageuse, celle du réensemencement parfaitement réussi, que des bois de 1 à 40 ans, qui ne représenteraient pas plus de 20 à 30 mètres cubes à l'hectare moyen [1], c'est-à-dire un matériel beaucoup trop faible pour utiliser toute la fertilité. Le système d'aménagement ne peut donc donner le produit le plus élevé.

Il ne peut pas davantage donner un produit soutenu. Les inégalités de fertilité qui existent entre les affectations, et l'irrégularité de la marche du repeuplement naturel, ne permettront pas au matériel d'exploitation de se reconstituer partout avec la même rapidité, de sorte que l'accroissement annuel moyen de la forêt, son rapport, en d'autres termes, sera nécessairement soumis aux fluctuations qui en sont la conséquence, et ne pourra évidemment être soutenu.

Le système d'aménagement appliqué au Risoux ne peut donner, comme on l'annonce, ni le produit le plus élevé ni le rapport soutenu. Il est au moins douteux qu'il soit applicable, puisqu'on a été obligé de faire deux fois les aménagements depuis 1857, et qu'il est nécessaire de les refaire encore.

VII.

CONTROLE DE L'AMÉNAGEMENT.

Les communes propriétaires au Risoux se plaignent de

---

[1] A l'appui de cette assertion, on peut citer, outre les coupes de régénération faites depuis 1857 et qui sont sans repeuplement, une coupe d'ensemencement faite comme essai il y a dix-huit ans, dans une des meilleures parties de la forêt des Rousses. Les réserves de cette coupe ont été renversées par les vents, et en ce moment le sol est encore complétement nu.

l'exiguité du revenu de leurs forêts. Il est certain que le mauvais état de la viabilité déprécie la valeur des bois. Les communes le comprennent parfaitement et s'occupent de l'exécution d'un ensemble de routes et chemins pour la desserte de leurs forêts respectives. Mais, indépendamment de cette cause de dépréciation du revenu, les coupes annuelles sont trop faibles et les communes ne retirent pas un revenu suffisant du Risoux.

La question suivante nous a été posée par la commune de Bois-d'Amont, qui possède 299 hect. 30 et ne fait pas de distribution d'affouage. Chaque année, ses coupes sans exception sont vendues par l'administration forestière, et le produit entre intégralement dans la caisse municipale. Elle a retiré de sa forêt, pendant une période de vingt ans, de 1844 à 1863 inclusivement, un revenu net de 43,005 francs, soit par année moyenne, 2,150 francs. « Ce revenu de 2,150 francs, qui » représente la rente 5 % d'un capital de 43,005 francs, est- » il en rapport avec la production de la forêt ? L'aménagement » de l'administration forestière permet-il de répondre à cette » question et donne-t-il les éléments nécessaires pour calculer » le taux de placement du capital engagé ? »

C'est à juste titre que les communes se plaignent de l'exiguité de leurs revenus, puisque l'insuffisance de l'exploitation est la cause première du dépérissement du Risoux.

Le contrôle de l'aménagement par la comparaison du revenu au capital engagé, tel que le demande la commune de Bois-d'Amont, c'est-à-dire par la détermination du taux de placement, est certainement le contrôle le plus significatif et le plus satisfaisant pour le propriétaire. Mais l'aménagement tel qu'il a été établi pour le Risoux ne fournit pas les éléments de ce contrôle. Il donne seulement le cube des arbres existants sur l'affectation de la première période, et pour le surplus, c'est-à-dire pour les trois quarts de la forêt, il se borne à une

2

description sommaire de l'état des peuplements. Le nombre de divisions que renferme la forêt est d'ailleurs insuffisant pour établir des vérifications faciles pendant la durée de l'aménagement.

Il n'est donc pas possible, à l'aide du travail fourni par l'administration, de se rendre compte du matériel sur pied, au début ni dans le cours de l'aménagement.

Quant au revenu annuel, les communes ne faisant pas en général de répartitions affouagères, on peut toujours connaître assez exactement le produit de la forêt en argent; mais on n'est pas aussi bien renseigné sur le produit en matière.

Ce n'est donc que d'une manière approximative que nous pourrons répondre à la question posée.

Si les coupes que vend actuellement cette commune se composaient d'arbres sains, comme cela doit être dans une forêt en bon état, le mètre cube de bois sur pied vaudrait 12 francs; mais la majeure partie des coupes vendues annuellement consistant en arbres secs et souvent gâtés, le mètre cube de bois sur pied ne peut être évalué à plus de 6 francs.

Le chiffre de 2,150 francs, qui exprime la valeur moyenne du produit annuel calculé sur vingt années, est un produit net, c'est-à-dire déduction faite des frais d'administration et des charges de la propriété. Ces dépenses sont relativement très élevées, et pour en tenir compte, il faut augmenter au moins de moitié le chiffre du produit net, ce qui porte à 3,225 francs la valeur du bois sur pied, prix de vente. Le sixième de cette somme représente le volume du bois exploité par année moyenne, qui est de 537 mètres cubes.

Le matériel de bois sur pied, à l'hectare moyen, est de 300 à 350 mètres cubes, soit au moins 90,000 mètres cubes pour toute la forêt.

Le taux de placement en matière est par conséquent au plus $\frac{537}{90.000}$, soit 6 pour 1,000.

Par suite de la dépréciation des bois annuellement exploités, le prix du mètre cube obtenu dans les ventes n'est pas supérieur à celui du mètre cube des bois existants à l'hectare moyen ; le taux de placement en argent ne diffère pas sensiblement du taux de placement en matière, et la valeur du capital engagé sur le sol est d'environ 540,000 francs.

Remarquons encore que la forte proportion des bois secs compris dans la coupe annuelle, conséquence même du traitement suivi, en réduisant de moitié la valeur du mètre cube, occasionne une perte sèche de 3,225 francs par an, et que les cinq autres communes sont dans le même cas que celle de Bois-d'Amont et subissent proportionnellement les mêmes pertes.

VIII.

PRÉCOMPTAGE.

Le précomptage est la déduction faite sur la coupe annuelle du volume des bois secs et chablis survenus pendant l'année. Il repose sur ce principe, que la coupe annuelle fixée par l'aménagement, c'est-à-dire la possibilité, représente tout ce qu'il est possible d'exploiter sans nuire à la forêt.

Au Risoux, d'après la déclaration qui nous a été faite, le précomptage s'applique de la manière suivante : si la coupe annuelle fixée par l'aménagement est de 1,000 mètres cubes par exemple, et s'il est survenu 500 mètres cubes de bois secs et chablis, cette coupe est diminuée de 500 mètres cubes ; s'il en est survenu 1,000, elle est supprimée ; s'il y en a plus de 1,000, la coupe de l'année est d'abord supprimée, et le surplus des bois secs et chablis vient en déduction des coupes des années suivantes.

A première vue, le précomptage paraît être une opération

logique. Cependant, il soulève plusieurs questions de nature à en faire repousser sinon le principe théorique d'une manière absolue, tout au moins l'application telle qu'elle en est faite.

En admettant le principe du précomptage, pour que cette opération fût indiscutable en fait, il devrait être bien établi que la forêt aménagée ne renferme pas de matériel surabondant, c'est-à-dire qu'il n'y a sur le sol que le matériel nécessaire pour utiliser toute la fertilité ; car il est évident que le précomptage ne peut être justifié que pour l'excès du volume des bois secs et chablis sur celui du matériel surabondant.

Dans les forêts du Risoux, la question du matériel surabondant n'est pas approfondie, et le silence des aménagements à cet égard ne peut être considéré comme une justification du précomptage.

Nous avons vu en effet qu'il y a du matériel surabondant au Risoux, que ce matériel s'est accumulé par suite de l'insuffisance des exploitations, qu'il a occasionné le ralentissement de la végétation, l'appauvrissement du sol et le dépérissement de la forêt.

Dans une forêt en bon état, le nombre des bois secs et chablis est peu important, et si dans ce cas, le système du précomptage peut être justifié, l'imputation du volume des bois secs et chablis ne se fait toutefois pas sur la coupe ordinaire, mais seulement sur la réserve, qui est en général du quart de la possibilité. La coupe ordinaire, comprenant les trois autres quarts, est exploitée intégralement chaque année. Le quart en réserve, destiné à parer aux éventualités de l'aménagement et à fournir des ressources pour les besoins imprévus, est exploité en coupes ordinaires après déduction des bois secs et chablis.

Mais il ne s'agit pas au Risoux de l'exploitation d'une forêt en bon état, il s'agit de coupes urgentes ayant pour objet d'arrêter le dépérissement et de rétablir la forêt, et dans lesquelles

il ne peut être question ni de mettre en réserve une partie de
la possibilité, ni de précompter le volume des bois secs et chablis. De telles exploitations ne peuvent être différées, et il n'est
évidemment pas admissible que si le nombre des bois secs et
chablis devient considérable, la suppression ni même la réduction de la coupe annuelle puisse en être la conséquence.
Ce serait même le contraire qui devrait avoir lieu, car la multiplication des bois secs et chablis étant l'indice du dépérissement, il est à craindre que la possibilité ne soit trop faible, et
c'est précisément ce qui arrive pour le Risoux.

Les quarts en réserve doivent subvenir aux besoins imprévus, et lorsque, comme au Risoux, les exploitations ne peuvent
être différées, les communes ne doivent affecter aux dépenses
ordinaires qu'une partie du produit des ventes et conserver le
surplus pour les besoins imprévus.

Sans contester d'une manière absolue le précomptage au
point de vue théorique, on ne peut s'empêcher de reconnaître
qu'il ne doit pas être pratiqué au Risoux, qu'il aggrave le dépérissement et qu'il est nécessaire d'augmenter la possibilité
au lieu de la réduire.

Du reste, le précomptage au Risoux entraîne une modification
de l'aménagement. Par cette raison, il ne peut avoir lieu sans
être prescrit, comme l'aménagement, par un décret. L'article
90 du Code forestier est formel à cet égard : tout changement
de l'aménagement doit se faire avec les mêmes formalités que
l'aménagement.

IX.

BOIS SECS ET CHABLIS. — DÉVELOPPEMENT DU BOSTRICHE.

Dans la forêt abandonnée à elle-même et composée d'arbres
de même force ou à peu près de même âge, les bois soutien-
nent entre eux une lutte continuelle. Les plus faibles succom-

bent, et il se produit ainsi une sorte d'éclaircie naturelle. Les plus vigoureux résistent et, à toutes les époques, forment l'ensemble des peuplements. Tant que la forêt est jeune, l'accroissement est rapide, parce que l'éclaircie naturelle se fait facilement; mais à mesure que la forêt avance en âge, les arbres acquièrent une plus grande vitalité, et l'éclaircie naturelle se fait plus difficilement. Les arbres qui doivent résister ont une lutte plus longue à soutenir, et on leur vient en aide par l'éclaircie artificielle. Mais si, au lieu d'enlever les arbres qui auraient succombé dans la lutte, on vient à couper les arbres dominants et si la coupe des arbres dominants est insuffisante pour rendre la vigueur aux faibles, on ne fait que perpétuer entre ceux-ci une lutte épuisante qui ralentit encore leur végétation, déjà affaiblie, et finit par amener le dépérissement.

Telles ont été les anciennes exploitations du Risoux considérées sur l'ensemble de la forêt. Nous avons vu, en effet, que la coupe se réduisait à prendre un certain nombre d'arbres converti plus tard en mètres cubes et représentant à peu près le quart de l'accroissement moyen passé.

Dans ces conditions, les peuplements se serraient de plus en plus, les arbres laissés sur pied ne pouvaient reprendre vigueur, ils ne se développaient ni en branches ni en racines et devenaient infertiles. Enfin, trop complétement soustrait à l'action atmosphérique, le sol ne fonctionnait plus que très imparfaitement et s'appauvrissait.

A présent, quand on ouvre les massifs pour provoquer le réensemencement naturel, les arbres sont sans force pour résister aux vents ou hors d'état de supporter l'action atmosphérique dont ils ont été, pour ainsi dire, privés, et le sol, épuisé, se détériore rapidement lorsqu'il est ainsi découvert.

Le climat n'est pour rien dans le dépérissement du Risoux, accusé par le nombre croissant des arbres secs et chablis; tout le mal vient du traitement.

Lorsqu'en 1857 on a tout à coup changé le traitement et appliqué, malgré les réclamations des communes, un nouvel aménagement dont nous avons exposé les inconvénients, on a donné prise aux vents, qui ont beaucoup de force dans les hauts plateaux du Risoux. C'est aux vents que l'on a attribué la grande quantité de chablis survenus à l'automne 1864. Mais les massifs qui n'avaient pas été entamés n'ont pas souffert, les vents n'ont agi en réalité que comme cause secondaire, le mal avait été, en quelque sorte, préparé de longue main.

Par suite des lenteurs administratives, les chablis ont séjourné très longtemps sur le sol. Le bostriche, qui trouve les conditions les plus favorables à son développement dans ces sortes d'abatis de bois où la sève est en stagnation et fermente, s'est multiplié extraordinairement. Les arbres qui entouraient les abatis, ébranlés par l'effort des vents, d'une végétation déjà alanguie et hors d'état de supporter l'isolement dans lequel ils ont été jetés tout à coup, ont été les premiers attaqués après les chablis. Le bostriche s'est ensuite répandu dans l'intérieur des massifs, et la mortalité a pris de très grandes proportions.

Les dégâts occasionnés par le bostriche sont, en réalité, la conséquence du régime forestier qui exclut le concours des communes propriétaires, et dont l'extrême lenteur est loin d'être une garantie pour leurs intérêts.

X.

VENTE DES COUPES. — LE BOSTRICHE SE PERPÉTUE.

Les exploitations annuelles au Risoux consistent en coupes de bois secs et chablis, en coupes ordinaires prévues par l'aménagement, et en coupes extraordinaires autorisées par décret. Toutes ces coupes sont martelées par les agents forestiers. Les arbres qui doivent être exploités reçoivent dans les unes l'empreinte du marteau du chef de cantonnement, et dans les autres celle du marteau de l'Etat. Les martelages sont opérés successivement par les mêmes agents dans les bois de chaque commune; on procède ensuite aux estimations, puis viennent les formalités qui doivent réglementairement précéder les ventes.

Les communes propriétaires au Risoux ne font, en général, pas de répartitions affouagères, et toutes les coupes sont vendues.

Les coupes ordinaires et extraordinaires, ou coupes principales, se vendent avec celles des autres communes de l'inspection, au chef-lieu d'arrondissement, généralement au mois d'octobre.

Les bois secs et chablis, dont la vente devrait être plus prompte, ne se vendent guère plus tôt, et quelquefois même plus tard, à cause des lenteurs administratives.

Après les ventes, il faut un certain temps pour obtenir la délivrance du permis d'exploiter; sur ces entrefaites, l'hiver, qui est ordinairement précoce au Risoux, arrive, et l'exploitation ne peut plus avoir lieu qu'au printemps.

Ce retard dans l'exploitation de bois souvent secs et gâtés occasionne une dépréciation de la marchandise et des pertes d'intérêt d'argent dont l'acheteur ne manque pas de tenir largement compte et qui sont toutes au préjudice des communes. Il y a là une cause de pertes importantes; mais ces retards, qui tiennent aux lenteurs d'une administration trop fortement centralisée, sont surtout préjudiciables dans l'état présent de la forêt.

Ainsi que nous l'avons indiqué, le développement du bostriche a pris de grandes proportions. Cet insecte pond depuis le printemps jusqu'à l'automne, mais surtout en mai et juillet. Les galeries qu'il forme entre le bois et l'écorce, commencées pour la ponte et continuées immédiatement après par de nombreuses ramifications où vivent les larves qui donneront prochainement des insectes parfaits, interceptent le mouvement de la séve et occasionnent le dépérissement des arbres. Les bois sèchent très promptement, les insectes les abandonnent alors pour se porter sur d'autres, et, par suite de la lenteur des formalités administratives, avant qu'on ait vendu les arbres marqués, il faudrait ordinairement faire une marque nouvelle.

Pour arrêter le mal qui va s'aggravant toujours, il est nécessaire, pendant quelques années, de faire deux martelages, l'un en juin et l'autre en août. A cet effet, les dispositions suivantes nous paraissent devoir être adoptées avec succès :

— Opérer les martelages avec le concours des communes et sur plusieurs points à la fois;

— Comprendre dans chaque opération, outre les bois secs et chablis, tous les arbres, même verts et vifs, lorsqu'ils seront atteints du bostriche [1]. A mesure du martelage, numéroter et estimer les arbres;

— Commencer la première marque au 1er juin et la seconde au 1er août. Chaque marque peut être terminée dans un délai de huit jours, et il suffit d'un intervalle de huit jours entre le martelage et la vente;

— Faire les ventes au chef-lieu de canton, les annoncer dès le commencement des martelages, en indiquant la date et les conditions de la vente ainsi que la composition des lots;

— Composer chaque lot de cent pieds d'arbres, par exemple, savoir : le premier lot, des arbres portant les n°s 1 à 100, le second lot, des arbres portant les n°s 101 à 200, et ainsi de suite;

— Délivrer à chaque adjudicataire, séance tenante, le permis d'exploiter;

_____

[1] Les arbres verts et vifs atteints du bostriche se reconnaissent à de petits trous ronds fraichement faits et qui commencent à hauteur d'homme. En cas de doute, on enlève avec le marteau une plaquette d'écorce. Dès qu'on aperçoit des galeries, l'arbre est atteint et doit promptement périr.

— Ecorcer et brûler les écorces à mesure de l'abatage ; imposer à l'adjudicataire une amende de trois francs pour chaque infraction à la clause d'écorcement ;

— Terminer l'extraction des bois dans un délai de vingt jours ;

— Autoriser l'exploitation des bois secs et atteints du bostriche sans en fixer le nombre et en même temps que les coupes ordinaires.

L'usage de vendre les coupes principales, et souvent les chablis, en une seule fois au chef-lieu d'arrondissement, est d'origine ancienne. Cette sorte de centralisation avait pour but d'augmenter la concurrence. Mais à cet égard elle a bien perdu de son utilité par suite du développement du commerce et de l'amélioration des moyens de communication. A présent la concurrence est partout, et il est douteux que les avantages que peuvent présenter les grandes ventes compensent les retards d'exploitation et les pertes d'intérêt d'argent qu'elles entraînent. Dans tous les cas, l'usage de vendre les coupes de bois secs au chef-lieu d'arrondissement est beaucoup trop préjudiciable aux communes propriétaires au Risoux pour être maintenu dans l'état de leurs forêts et avec la nature des exploitations à faire.

XI.

MARTELAGES.

Il y a, comme nous l'avons dit, deux sortes de martelages au Risoux : celui des coupes de bois secs et chablis et celui des coupes ordinaires et extraordinaires, ou coupes principales. Ces martelages sont faits par les mêmes agents et successivement dans chaque forêt, ce qui prend beaucoup plus de temps que si on les faisait simultanément sur plusieurs points à la fois.

Chablis, bois secs et atteints du bostriche. — La nécessité de débarrasser promptement les bois secs et chablis, et surtout les bois atteints du bostriche, commande la seconde manière de procéder, le martelage sur plusieurs points en même temps, et le soin qu'il faut apporter dans cette opération pour découvrir les bois de la dernière catégorie exige la participation des communes propriétaires, dont la sollicitude pour leurs intérêts est certainement très attentive. Elles aideront l'administration forestière, car il est facile, comme nous l'avons vu, de reconnaître les arbres atteints du bostriche.

Nous proposons, pour l'exécution de ces martelages, les dispositions suivantes :

— Opérer aux époques indiquées (juin et août), simultanément, avec quatre ateliers composés chacun du garde général ou d'un brigadier assistés du garde du triage, et d'un délégué du conseil municipal ayant avec lui deux ouvriers actifs ;

— Attribuer à chaque atelier une étendue de cinq à six cents hectares, arrangés de manière que chaque garde puisse opérer dans son triage.

Les martelages seront ainsi promptement faits, et l'on pourra obtenir l'exploitation rapide des bois atteints du bostriche, seul moyen d'arrêter les ravages de cet insecte.

La participation des communes aux martelages ne doit pas être considérée comme une innovation. Elle existait sous le régime de l'ordonnance de 1669, qui n'a été complétement abrogée qu'en 1827, à la promulgation du Code forestier.

L'article 9 de cette ordonnance est ainsi conçu : « L'as- » siette des coupes ordinaires sera faite sans frais par les juges » des lieux, en présence du procureur d'office, du syndic et de » deux députés de la paroisse, et les pieds corniers, arbres de » lisière et baliveaux marqués du marteau de la seigneurie, » qui sera conservé dans un coffre *à trois clefs*, une pour le

» juge, l'autre pour le procureur fiscal, et la troisième pour le
» *syndic de la communauté.* »

Coupes principales. — Les coupes principales sont martelées avec le marteau de l'Etat. L'opération est faite par deux
agents, avec le concours des gardes et sans la participation
des communes. Cette participation avait lieu autrefois, on s'en
souvient parfaitement, et les communes n'acceptent pas vo-
lontiers leur exclusion des martelages.

Ne pouvant être faites simultanément, car le nombre des
agents forestiers n'y suffirait pas, ces opérations prennent
beaucoup de temps. Nous avons déjà fait remarquer que ces
lenteurs sont très onéreuses pour les communes, parce qu'elles
occasionnent des dépréciations sur la marchandise et des
pertes d'intérêt d'argent, et il est utile de rechercher s'il est
réellement indispensable que les coupes principales, au Risoux, soient marquées par de hauts employés de l'administration des forêts. A cet égard il n'y a que deux sortes de
considérations à étudier : celles qui peuvent résulter de la
difficulté de ces opérations au point de vue technique, et celles
qui se rattachent aux garanties d'ordre public, savoir la conservation et la bonne administration du Risoux.

Rendons-nous compte, d'abord, des difficultés techniques.

Le but que l'administration forestière se propose, dans les
aménagements du Risoux, est de ramener chaque forêt communale dont le peuplement est de consistance uniforme à
un état de peuplement présentant, sur le premier quart de la
forêt, des bois de 1 à 40 ans, sur le second, des bois de 41 à
80 ans, sur le troisième, des bois de 81 à 120 ans, sur le quatrième, enfin, des bois de 121 à 160 ans. Théoriquement, la
forêt ainsi transformée présenterait une succession graduée
de bois âgés depuis un jusqu'à cent soixante ans et devrait
donner le produit le plus élevé et un rapport soutenu.

Nous ne reviendrons pas sur les désastres qu'ont provoqués

ces essais de transformation commencés en 1857 ; mais nous rappelons avec la plus énergique insistance que la conception théorique qui consiste à former une forêt composée de bois d'âges gradués depuis 1 à 160 ans est fausse, et qu'une telle forêt, quand même on parviendrait à la former, ne pourrait donner ni le produit le plus élevé ni le rapport soutenu. Ici, nous ne critiquons plus des essais malheureux, c'est le principe même que nous repoussons comme entaché d'erreur, et nous le faisons avec toute l'énergie possible, car il s'agit, en réalité, de l'intérêt public.

En renonçant à ce système, que l'on ne peut imposer plus longtemps aux communes, et qui exige des combinaisons d'exploitation difficiles à concevoir et surtout à réaliser, les martelages se réduiront à couper des bois mûrs ou trop serrés, dont le choix ne demande que des connaissances pratiques très répandues parmi les habitants des communes propriétaires de forêts résineuses.

Ainsi se résout la question des difficultés techniques, par l'abandon d'un système d'aménagement qui complique l'administration sans avantage.

Il reste à examiner la question des garanties d'ordre public que l'on doit exiger dans l'intérêt de la conservation des richesses forestières communales et de la bonne administration des propriétés des communes.

On a beaucoup parlé de l'avidité des communes, qui sont pressées de jouir, et qui ne manqueraient pas de détruire leurs forêts si on venait à leur en abandonner l'administration. On a cité comme preuve les dégâts qui se sont commis à la suite de la révolution de 1789, lorsque le lien de l'administration forestière, qui avait ses tribunaux à elle et qui était ainsi juge et partie, a été brisé. On cite encore les dégâts peu importants, il est vrai, qui se sont produits aux époques de crise depuis 1789. Mais on se garde bien de dire que les communes, propriétaires incontestées de leurs bois, sont soumises à des formalités multipliées et gênantes; que la loi d'exception dont l'administration forestière est armée est souvent très dure; que les aménagements restreignent outre mesure leur jouissance; que leurs réclamations à cet égard sont généralement écartées, et que la manière dont leurs forêts sont administrées n'est pas toujours irréprochable. Quand on réfléchit à toutes ces choses, dont l'exactitude ne peut être contestée, on comprend, sans toutefois l'excuser, qu'il y ait eu, à certains moments, des déprédations dans les forêts. Ces déprédations n'ont été en définitive qu'une manière condamnable de protester contre le régime forestier.

Mais les faits cités comme preuve de l'avidité des communes et de la manière dont elles se comporteraient dans leurs bois si l'administration leur en était abandonnée, ne s'appliquent qu'à une faible partie des populations et ne prouvent absolument rien, quand même ils seraient sans palliatif, car il n'est pas question de laisser les forêts à la discrétion des communes, et ce n'est pas ce qu'elles demandent.

A cet égard, la loi des 14-18 décembre 1789, sur la constitution des municipalités et les fonctions des corps municipaux, s'exprime ainsi, article 50 : « Les fonctions propres au pouvoir
» municipal, sous la surveillance et l'inspection des assemblées
» administratives, sont : de régir les biens et revenus communs
» des villes, bourgs, paroisses et communautés; de régler et
» d'acquitter celles des dépenses locales qui doivent être payées
» des deniers communs; de diriger et faire exécuter les tra-
» vaux qui sont à la charge de la communauté; d'administrer
» les établissements qui appartiennent à la commune, qui sont
» entretenus de ses deniers, ou qui sont particulièrement des-
» tinés à l'usage des citoyens dont elle est composée; de faire
» jouir les habitants des avantages d'une bonne police, notam-
» ment de la propreté, de la salubrité, de la sûreté et de

» la tranquillité dans les rues , lieux et édifices publics. »

Cette loi n'est pas abrogée ; elle est la base de l'organisation administrative des communes, et, en ce qui touche au régime des bois communaux, les rapporteurs du projet de Code forestier se sont attachés à établir que la loi de 1827 est conforme à ces principes.

Il ne s'agit donc que d'une question de réglementation, qui peut se formuler ainsi : Est-il possible d'assurer la conservation des forêts communales et d'élargir la part d'attributions qui revient aux communes dans l'administration de leurs bois?

Nous avons vu que le système d'aménagement essayé au Risoux doit être abandonné. Il nous reste à examiner si le martelage des coupes avec un aménagement différent peut être confié aux communes.

L'accroissement dépend des arbres qui sont réservés dans les coupes, et dont l'ensemble forme le matériel d'exploitation de la forêt. Il faut donc avoir partout une réserve, dont la composition doit, d'ailleurs, varier selon les exigences des peuplements. Trop faible, cette réserve laisserait perdre une partie de la fertilité; trop considérable, le sol supporterait plus de bois que ne le comporte la fertilité, et il y aurait dans ce cas une double perte : diminution de l'accroissement annuel, c'est-à-dire du rapport de la forêt, et conservation dans la forêt d'un excès de matériel dont la valeur représente un capital qui peut être utilement rendu à la circulation.

Les garanties d'ordre public se résument donc à obtenir qu'il soit toujours réservé dans les coupes un matériel d'exploitation convenable, et qu'il soit possible de s'assurer, par un contrôle efficace, que ce matériel n'est ni insuffisant ni excessif.

Ce résultat sera facilement obtenu en partageant une fois pour toutes chaque forêt en un certain nombre de divisions, d'étendue assez restreinte et bien délimitées sur le terrain, en établissant périodiquement des prévisions d'exploitation, et en tenant pour chaque division un état des bois coupés et un état de la réserve.

Les martelages consistant dans le choix d'arbres en excès et mûrs sont fort simples et parfaitement à la portée des communes.

Cet aménagement, développé à la quatrième partie de cette étude, serait facilement appliqué par les communes propriétaires au Risoux. L'administration forestière chargée du contrôle devrait constater le résultat des exploitations et profiter des données économiques, qu'elle recueillerait ainsi pour améliorer le traitement.

Tel qu'il est aujourd'hui, le travail de l'administration est presque exclusivement matériel et dépasse ses forces. Il est tout à fait insuffisant au point de vue économique et laisse beaucoup à désirer, même au point de vue de la simple exécution des règlements.

Les conditions techniques et de garanties d'ordre public se résolvent donc par l'abandon d'un système d'aménagement qui a de graves inconvénients, et par l'adoption de pratiques simples, faciles à contrôler et à la portée des communes, qui prendront ainsi, et sans danger pour l'intérêt général, une plus large part dans l'administration de leurs bois.

XII.

DU MATÉRIEL SURABONDANT.

Lorsqu'une forêt est en bon état, si l'on pouvait enlever chaque année le volume dont chaque arbre s'est accru, c'est-à-dire l'accroissement de l'année, on conçoit que la forêt pourrait toujours rester dans le même état. Mais cette opération n'est pas possible, et le produit qu'elle donnerait serait de nulle valeur.

C'est par des coupes d'arbres qu'on obtient le revenu de la forêt, et le principe des exploitations repose sur la loi de l'accroissement, que l'on peut exposer de la manière suivante :

Lorsque les arbres qui forment un peuplement sont largement espacés, leur accroissement annuel est considérable. Par le développement qu'ils prennent d'année en année, ils parviennent à couvrir le sol plus complétement et finissent par se trouver trop serrés. L'accroissement annuel, d'abord progressif, devient stationnaire, puis commence à diminuer. A partir de ce moment, si le massif est abandonné à lui-même, l'accroissement annuel est de plus en plus faible, les arbres perdent leur vigueur, dépérissent et sèchent peu à peu. Mais si, au lieu d'abandonner la forêt à elle-même, on coupe une partie des arbres en ayant soin de laisser toujours les meilleurs et de faire qu'ils soient espacés régulièrement et assez largement, non-seulement on prévient le dépérissement, mais la végétation entre dans une nouvelle phase pendant laquelle l'accroissement augmente, devient stationnaire et décroit comme dans la précédente.

Tel est le principe des exploitations, et les coupes ainsi renouvelées sur chaque partie de la forêt à des intervalles suffisamment rapprochés, sont de véritables cultures qui améliorent la végétation et donnent le revenu le plus avantageux.

Considérés sur l'ensemble de la forêt, les arbres réservés dans les coupes forment ce que l'on est convenu d'appeler le matériel d'exploitation.

Si l'on coupe trop, le matériel d'exploitation devient insuffisant, une partie de la fertilité ne peut être utilisée et se perd.

Si l'on ne coupe pas assez, comme cela est arrivé au Risoux, un excès de matériel s'accumule dans la forêt, l'accroissement diminue, les arbres perdent leur vigueur et le dépérissement arrive. .

Mais si, comme cela est encore arrivé au Risoux, tout en ne

coupant pas assez, les arbres qu'on enlève sont pris parmi les meilleurs, on rend aux arbres restants un peu de vigueur, mais pas assez pour qu'ils puissent se rétablir, et l'on ne fait que perpétuer entre eux une lutte de plus en plus épuisante. Dans de telles conditions, la végétation s'amoindrit, les arbres de 35 mètres de hauteur, par exemple, sont remplacés par des arbres de 30 mètres, puis par des arbres de 25 mètres. Et pendant que le type de la végétation se dégrade ainsi peu à peu, le sol s'appauvrit, la fertilité diminue et le matériel d'exploitation ne peut plus être aussi considérable.

Le Risoux dans son état actuel ne comporte pas plus de 200 mètres cubes de matériel d'exploitation à l'hectare moyen, mais la végétation et le sol peuvent s'améliorer. Il suffit pour le prouver de citer l'exemple de la forêt de la Joux, de Neuchatel (Suisse), située dans le même plateau du Jura, à 70 kilomètres au nord du Risoux, et dans les mêmes conditions de terrain, de climat et d'altitude. Les arbres de 3 à 4 mètres de tour et de 35 à 40 mètres de hauteur ne sont pas rares dans cette forêt, dont les peuplements sont mélangés de sapin et d'épicéa, et où l'on trouve encore dans quelques parties jusqu'à 800 mètres cubes à l'hectare. Ce matériel, à la vérité, est excessif, mais il n'aurait jamais été obtenu si la forêt eût été traitée comme le Risoux.

Nous aurons à revenir dans l'aménagement sur le matériel surabondant du Risoux. Pour le moment, il suffit de constater son existence et d'expliquer sa formation.

Le matériel surabondant est donc ce qu'il faut couper pour que l'accroissement de la forêt augmente et reprenne le taux le plus avantageux.

Pour bien fixer les idées à ce sujet, prenons un exemple et admettons que le rapport entre l'âge fixé pour l'exploitation des bois, le matériel à l'hectare exploitable et le taux de placement soient conformes aux indications suivantes :

Age fixé pour l'exploitation.	Valeur totale du matériel à l'hectare exploitable.	Taux de l'accroissement p. 0/0	Revenu brut par hectare exploitable.
160 ans.	8,000 fr.	1	80 fr.
120	4,000	2	80
100	2,000	4	80
80	1,333	6	80

Dans ces quatre hypothèses, le revenu brut est le même, 80 francs par an. Le taux de placement et la valeur du matériel à l'hectare varient. Par la réduction de l'âge des bois exploitables de 160 à 80 ans, l'accroissement augmenterait, le taux de placement s'élèverait, le revenu annuel resterait le même, et on aurait rendu à la circulation, savoir :

Sur les bois de 160 ans, $8,000 - 1,333 = 6,667^f$ par hectare.

Id.   120 ans, $4,000 - 1,333 = 2,667$ id.

Id.   100 ans, $2,000 - 1,333 = 667$ id.

Ces différentes sommes, $6,667^f$, $2,667^f$ et 667^f, exprimeraient dans l'hypothèse que nous avons faite, la valeur du matériel surabondant.

Le matériel surabondant doit-il être réalisé, ou bien est-il possible d'imposer aux communes de le conserver en nature dans leurs forêts?

Poser cette question, c'est la résoudre, car il est évident que la réalisation du matériel surabondant augmentera le produit annuel des forêts, que les communes y trouveront d'importantes ressources et que cette opération est, comme nous l'avons vu, indispensable au rétablissement du Risoux.

Obliger les communes, dans l'intérêt de la conservation de la richesse forestière, à avoir dans leurs bois un excès de matériel, serait leur imposer un sacrifice énorme et qui n'irait pas au but. La richesse forestière consiste non pas à avoir beaucoup de bois sur pied, mais bien à avoir tout le matériel d'exploitation nécessaire pour obtenir le plus grand accroissement possible, c'est-à-dire le revenu le plus élevé.

Au point de vue économique, l'excès de matériel d'exploitation diminue le revenu des forêts, et les capitaux qu'il représente doivent être rendus à la circulation.

Mais peut-on soutenir qu'au point de vue légal les communes doivent être considérées, quant à la propriété de leurs bois, comme grevées de substitution, et par cette raison obligées de conserver en nature le matériel surabondant que ces bois peuvent renfermer?

Le grevé de substitution était tenu de conserver et de rendre les biens substitués. Mais l'article 896 du Code civil prohibe les substitutions, et on ne peut se fonder sur la loi pour imposer aux communes la conservation du matériel surabondant.

La réalisation de cet excès de matériel est d'autant plus facile que nous sommes tributaires de l'étranger pour des quantités de bois considérables et qui augmentent chaque année. Elle ne peut être faite qu'à la longue, et nous verrons à la quatrième partie, chap. III, de quelle manière on doit opérer.

XIII.

QUALITÉ DES BOIS DU RISOUX.

Le bois est formé de couches ligneuses superposées et intimement unies entre elles. Ces couches, très apparentes sur la section de l'arbre, sont chacune le résultat de l'accroissement d'une année. Quand la végétation est active, elles sont épaisses; quand elle est ralentie, elles sont minces; quand les conditions de végétation présentent peu de variation d'une année à la suivante, les couches ligneuses sont à peu près de même épaisseur et le bois a plus d'homogénéité. Enfin on remarque, lorsque l'arbre n'est pas également dégagé tout autour, que l'épaisseur des couches est plus grande du côté où l'arbre est le plus dégagé, et que de ce côté le bois a plus de résistance que du côté opposé.

Chaque couche ou veine ligneuse est formée de deux parties distinctes, l'une tendre et l'autre dure, et dans les veines épaisses, la proportion de la partie dure, de laquelle dépend surtout la résistance du bois, est plus forte que celle de la partie tendre.

Les bois résineux du Risoux, surtout l'épicéa, ont la veine mince, le grain très fin et très blanc, et se travaillent très facilement. On remarque, en général, que la partie dure de la veine est extrêmement mince et se détache nettement de la partie tendre, ce qui est l'indication d'un accroissement très lent, provenant de l'état extrêmement serré des peuplements.

L'exploitation progressive de l'excès de matériel, indépendamment des avantages déjà indiqués, aura encore pour effet d'augmenter la résistance du bois du Risoux sans nuire à ses autres qualités [1].

XIV.

PATURAGE.

Le pâturage, anciennement exercé au Risoux, a été supprimé en 1823 ou 1824. C'est vers cette époque que les semis naturels ont commencé à devenir rares; et quelques personnes, ayant remarqué cette coïncidence, attribuent la cessation des semis naturels à la suppression du pâturage. A l'appui de leur opinion, elles citent les repeuplements naturels qui se produisent autour des vides, encore pâturés, de la forêt de Bois-d'Amont, plus abondamment que dans l'intérieur des massifs.

L'exercice du pâturage, convenablement réglé et limité, ne

---

[1] La veine du bois du Risoux n'a qu'un à deux millimètres d'épaisseur. Si elle atteignait de deux à quatre millimètres, l'accroissement serait quadruplé et le bois n'aurait encore rien perdu de ses qualités.

serait pas nuisible à la forêt ; mais nous ne pensons pas que
l'extrême rareté des semis naturels puisse venir de sa suppression. La production des semis naturels autour des vides
pâturés de la forêt de Bois-d'Amont tient plus au vide qu'à
la continuation du pâturage, mais celui-ci n'est évidemment
pas un obstacle à la régénération.

C'est à l'état de dépérissement du Risoux, dont nous avons
indiqué les causes, qu'il faut attribuer la cessation des repeuplements naturels.

XV.

RÉSUMÉ DE L'ÉTUDE GÉNÉRALE DU RISOUX.

Dans cette première partie de notre travail, nous nous
sommes attaché surtout à préciser les causes du dépérissement et les moyens de le prévenir. Les causes sont de deux
ordres différents.

La cause première est l'insuffisance générale des exploitations, qui n'ont atteint que le quart environ de l'accroissement
annuel.

Les autres causes sont secondaires et se rapportent :

1º Au changement de traitement introduit à partir de 1857.
Nous avons fait ressortir les inconvénients du nouveau traitement au double point de vue pratique et théorique ;

2º Au retard apporté à l'enlèvement des chablis de 1864,
qui a occasionné le développement du bostriche ;

3º Aux retards qu'éprouve chaque année la vente des bois
atteints du bostriche, ce qui permet à cet insecte de se multi-
plier et d'accroître ses ravages. Deux martelages des bois
atteints sont nécessaires pendant quelques années, et nous
avons indiqué un mode de procéder pour exploiter ces bois
rapidement et en temps utile ;

4° Au précomptage, que l'on peut regarder comme une violation de l'article 90 du Code forestier, et dont il ne devrait pas même être question au Risoux, parce qu'il diminue la possibilité, qu'il faudrait au contraire augmenter;

5° Au matériel surabondant, que l'on ne peut obliger les communes à conserver dans leurs forêts.

Nous avons, en outre, exposé :

Que par suite de l'insuffisance des coupes annuelles, la majeure partie des bois vendus sont viciés, de sorte que les communes, qui ne reçoivent pas des coupes assez importantes, éprouvent encore des pertes considérables sur la valeur des bois mis en vente ;

Qu'en se privant du concours des communes, les difficultés matérielles d'administration sont augmentées.

Enfin, nous avons indiqué de quelle manière, avec des pratiques d'aménagement plus simples et meilleures, il serait possible d'élargir, sans danger pour l'intérêt public, la part d'attribution des communes dans la gestion de leurs bois, de diminuer les difficultés d'administration et de rétablir le bon état du Risoux.

SECONDE PARTIE.

FORÊT DE BATAILLARD.

⚜

Indépendamment du lot qu'elle possède au Risoux, la commune de Morbier a encore la forêt de Bataillard, d'une superficie de 187 hectares 72, qu'elle nous a demandé de comprendre dans cette étude.

I.

DESCRIPTION GÉNÉRALE.

La forêt de Bataillard est située sur un plateau de la chaîne du Jura, dont l'altitude moyenne est d'environ 1,000 mètres; les points les plus bas sont à 900 mètres, et les plus élevés, à 1,100.

Elle est séparée des forêts du Grandvaux par une crête de montagnes qui aboutit au col de la Savine, et dont les points culminants sont à 1,100 mètres d'altitude, et du côté opposé, elle touche à la forêt des Buclets, qui appartient également à la commune de Morbier.

Le plateau de Bataillard fait partie, comme celui du Risoux, de l'étage supérieur du système oolithique. Le sol et le climat sont meilleurs et la forêt est moins exposée aux vents.

L'accès en est très difficile, et la traite des bois a lieu par de mauvais chemins, sur lesquels on fait quelques réparations partielles qu'il serait préférable de rapporter à un plan d'ensemble étudié et arrêté d'avance.

La commune de Morbier projette l'étude d'un chemin principal qui servirait en même temps pour le bois des Buclets. Sans rien préjuger à cet égard, nous croyons pouvoir appeler l'attention sur l'opportunité :

1° D'arriver, en partant de la route de Morez à Saint-Claude par le bois des Buclets, à l'extrémité sud de Bataillard ;

2° De parcourir la forêt par la dépression principale qu'elle présente, et de sortir à l'est pour regagner Morbier par le hameau des Buclets;

3° De faire un ou deux petits embranchements qui compléteraient la desserte de Bataillard.

Cet ensemble de chemins faciliterait l'arrivée des bois à leurs débouchés naturels, qui sont surtout Morbier et Morez, et les avantages qu'il offrirait compenseraient largement les frais de premier établissement qu'il pourrait occasionner.

L'épicéa domine à Bataillard; le bostriche s'y est développé depuis 1864 et y cause de grands dégâts, comme au Risoux.

Le sapin et le hêtre entrent pour une plus forte proportion dans le mélange, et l'on remarque que c'est dans les peuplements où ces essences sont le plus répandues que le bostriche se propage le moins.

La végétation est plus belle qu'au Risoux, ce qui tient à la meilleure qualité du sol, au climat un peu moins rude, et probablement aussi à ce que la forêt de Bataillard, étant d'un accès moins difficile, a été plus fortement exploitée.

Pour le surplus, toutes les observations faites au Risoux s'appliquent à Bataillard.

II.

AMÉNAGEMENT.

Sur la demande qui nous a été faite d'expliquer en forêt

l'aménagement de Bataillard, nous nous sommes rendu sur le terrain avec M. le maire et M. l'adjoint de Morbier.

En parcourant la forêt de Bataillard, on reconnaît aisément qu'elle n'a été anciennement soumise à aucune exploitation régulière, que la commune de Morbier obtenait quelquefois de fortes coupes, qu'elle était quelquefois longtemps sans en obtenir, et que ces coupes étaient faites d'une manière irrégulière.

La forêt présente en effet l'aspect le plus varié : toutes les nuances de peuplement s'y rencontrent ; des bouquets de vieux bois à côté de bouquets de jeunes bois, des bois âgés étouffant des semis, des arbres de tous âges confusément mêlés, etc. Cependant toutes ces bigarrures, par leur variété, leur nombre, leur peu d'étendue respective et la manière dont elles sont entremêlées, laissent à la forêt considérée dans son ensemble une certaine uniformité, et représentent une sorte de consistance homogène d'environ 350 mètres cubes par hectare moyen.

Tel était, ainsi qu'il est encore facile de le voir, l'état des peuplements avant l'aménagement.

Partout où les exploitations ont passé depuis 1863, date de l'aménagement, les peuplements sont ou détruits ou très détériorés. Par exemple, des parties peuplées de jeunes bois de 40 à 50 ans, d'essence hêtre, dominant quelques semis de résineux et dominés eux-mêmes par quelques résineux âgés et pour ainsi dire épars, ont été coupés à blanc étoc comme un taillis, avec réserve d'une partie des vieux bois. Ces vieux bois ont été ensuite presque entièrement détruits par les vents et par le bostriche, à la propagation duquel le hêtre coupé ne met plus obstacle. Le matériel d'exploitation ayant en grande partie disparu où l'on a fait les coupes, l'accroissement annuel y est réduit à peu de chose.

Ouvrant ensuite le cahier d'aménagement, nous avons vu

que la forêt de Bataillard était aménagée par décret du 11 février 1863, et que l'âge des bois, fixé antérieurement à 100 ou 110 ans, avait été porté à 160 ans; que cet âge de 160 ans avait été, comme au Risoux, partagé en quatre périodes de 40 ans, à chacune desquelles est attribué un quart de la forêt à titre d'affectation.

Il est prescrit de régénérer chaque affectation respectivement dans la période correspondante : la régénération de la première affectation doit commencer immédiatement, celle de la seconde dans 40 ans, celle de la troisième dans 80 ans, et celle de la quatrième dans 120 ans, de sorte qu'à l'expiration de la révolution de 160 ans, la forêt devrait présenter une succession de bois d'âges gradués depuis 1 jusqu'à 160 ans, groupés, savoir : les bois de 1 à 40 ans dans la quatrième affectation, ceux de 41 à 80 dans la troisième, ceux de 81 à 120 dans la seconde, et enfin ceux de 121 à 160 dans la première affectation par laquelle les coupes de régénération devraient recommencer au début de la seconde révolution de 160 ans, et ainsi de suite.

D'après la description de la forêt de Bataillard, on comprend que, pour faire rentrer dans ce cadre d'aménagement les affectations établies, on a dû, pour dissimuler les sacrifices qui devaient en résulter, se laisser entraîner, comme pour le Risoux, à des descriptions inexactes. C'est ainsi qu'on est arrivé à ne s'attacher, dans chaque affectation, qu'aux âges dont on avait besoin, et à considérer le surplus, qui formait quelquefois la partie la plus importante du peuplement, comme accessoire et devant disparaître.

La possibilité doit être fixée au début de chaque période de 40 ans.

Pour la première période, elle a été fixée de la manière suivante :

1° Sur la première affectation il sera pris, chaque année,

442 mètres cubes en coupes principales, de sorte qu'à son expiration il n'y aura plus, sur toute son étendue, que les semis actuellement existants qui auront pu se maintenir, et ceux qui se seront produits après les coupes ;

2° Sur les deuxième, troisième et quatrième affectations il sera pris une coupe de nettoiement de 3 hectares 53 centiares chaque année, de manière à parcourir une fois, pendant la durée de la première période, l'ensemble de ces trois affectations ;

3° Indépendamment des coupes par contenance on prendra, chaque année, en coupe jardinatoire, sur l'étendue des deuxième et troisième affectations, ce que le besoin indiquera ; mais le cube des bois ainsi marqués chaque année sera précompté sur les 442 mètres cubes à prendre dans la première affectation ;

4° Enfin, dans la quatrième affectation on prendra, en coupes d'extraction de vieux bois, 390 mètres cubes pendant les vingt premières années de la période. Pendant les vingt dernières années ces coupes seront supprimées.

En se reportant à la description des peuplements, il est aisé de comprendre que la plus grande incertitude régnera dans la manière de faire les coupes sur les deuxième, troisième et quatrième affectations, et que cette incertitude s'étend même à la première affectation par suite de la facilité de prendre en coupe jardinatoire, sur les deuxième et troisième affectations, un volume de bois à précompter sur les 442 mètres cubes représentant la coupe annuelle de cette première affectation. Il est évidemment impossible, à un moment donné, de se rendre compte forestièrement de ce que l'on aura voulu faire dans l'une quelconque des quatre affectations. C'est l'arbitraire qu'on a établi.

Aucun contrôle de l'aménagement ne pourra être exercé. On pourra bien, à la rigueur, se rendre compte des quantités de bois coupées dans la première affectation ; il est évident tout d'abord qu'avec la facilité de prendre dans les deuxième et troisième affectations une partie des coupes de la première, il y aura théoriquement dans celle-ci un restant de vieux bois en fin de période ; mais il est de toute impossibilité de se rendre compte de la marche de l'accroissement, ou seulement de savoir si la forêt s'améliore, ou bien si elle se dégrade. A cet égard on ne possède aucun élément de contrôle, et ce défaut est des plus graves, car on est en présence de l'arbitraire.

En résumé, l'aménagement de Bataillard, dans son ensemble, est une conception théorique semblable à celle du Risoux, et visant à une transformation complète de l'état actuel des peuplements et à l'établissement d'une gradation d'âge qui n'offre aucun intérêt pratique, car, ainsi que nous l'avons démontré, elle aurait pour résultat de diminuer le revenu de la forêt et de soumettre l'accroissement annuel à des fluctuations et à des incertitudes qu'il est facile d'éviter. Sans revenir sur ce que nous avons dit à ce sujet pour le Risoux, il nous suffira de rappeler que l'aménagement de Bataillard ne repose pas sur la loi de l'accroissement des bois en massif [1].

MM. les représentants de la commune de Morbier nous ont déclaré que s'ils avaient pu se rendre compte de l'aménagement proposé par l'administration, ils s'y seraient opposés, car il est en contradiction avec les données de l'expérience sur le traitement des forêts résineuses dans le pays et ne peut avoir de bons résultats.

Une clause ainsi conçue est ajoutée à l'article 2 du décret d'aménagement : « Ces possibilités (celles fixées par le décret) » pourront être l'objet de révisions dont les résultats seront » arrêtés par le directeur général des forêts. »

Par application de cette clause, il est intervenu, pour la forêt de Bataillard, à la date du 28 mai 1866, trois ans après le

[1] La loi de l'accroissement est exposée au chap. XII de la Ire partie.

décret qui réglait l'aménagement, une décision de M. le directeur général, qui réunit les première et quatrième affectations, dans lesquelles il ne sera plus exploité chaque année qu'une coupe de 625 mètres cubes, et les deuxième et troisième affectations, où l'on ne fera plus que des extractions de bois morts. Cette décision, qui change l'aménagement et réduit de 207 mètres cubes la possibilité des vingt premières années, est motivée par les dégâts constatés à la suite de l'ouragan du 6 novembre 1864. La commune n'a pas été appelée à en délibérer, et l'administration a décidé seule, contrairement à la loi.

Cette clause rend l'aménagement illusoire, en ce sens que la commune de Morbier est obligée de subir le cadre de l'aménagement dont nous avons fait ressortir l'arbitraire, et qu'on peut, ainsi que cela s'est fait, réduire le chiffre des coupes sans qu'elle soit appelée à en délibérer et qu'un nouveau décret soit rendu. Le chiffre des coupes est tout pour les communes, et en réalité c'est aussi tout l'aménagement, car il en est le résultat final. Il est contraire à la loi qu'il puisse être changé sans un nouveau décret. L'article 90 du Code forestier est formel à cet égard et veut que tout changement, soit de l'aménagement, soit du mode d'exploitation, ne puisse être fait sans les mêmes formalités qu'un aménagement.

TROISIÈME PARTIE.

ÉTUDES SPÉCIALES.

~~~~~~

I.

DE L'ACCROISSEMENT DES BOIS AU RISOUX.

Pendant nos études au Risoux, nous avons déterminé l'âge des bois sur un grand nombre d'arbres dans les différentes parties de la forêt et reconnu :

Que partout l'accroissement est très lent ;

Que la lenteur de l'accroissement tient à l'état serré des peuplements ;

Que cependant, à moins de circonstances particulières, telles que l'état très serré des massifs ou une domination prolongée, les arbres exploitables ne dépassent pas 100 à 120 ans ;

Que les arbres longtemps dominés ou ayant fait partie de peuplements très serrés, reprennent vigueur quand on les dégage ;

Et que la croissance est tellement régulière pendant la période active de l'existence des arbres, que les phases de la végétation ne sont presque pas accentuées sur la section de leur tige.

Pour caractériser cette végétation, il suffit d'un petit nombre d'exemples, et nous avons pris, sans choix, huit épicéas exploités dans les différentes parties de la forêt, sur les bords, dans les cantons le plus habituellement en coupes et dans l'intérieur des massifs où l'on a le moins souvent coupé.

Le tableau suivant résume les expériences auxquelles ils ont donné lieu.

TABLEAU DES EXPÉRIENCES D'ACCROISSEMENT AU RISOUX.

Numéro des arbres	NUMÉRO DES PÉRIODES.	AGES.	VOLUME TOTAL.	TAUX d'accroissement à intérêts composés °/o	ACCROISSEMENT MOYEN.	DURÉE DES PÉRIODES.	ACCROISSEMENT pendant LA PÉRIODE.	ACCROISSEMENT ANNUEL.	OBSERVATIONS.
1	2	3	4	5	6	7	8	9	10
		ans.	mèt. cub.		mèt. cub.	ans.	mèt. cub.	mèt. cub.	
1	1	30	0,010	»	0,001	30	0,010	0,001	Bords de forêt, côté des Rousses.
	2	68	0,646	11 1/2	0,010	38	0,636	0,017	Hêtre et épicéa mélangés.
	3	77	0,712	1	0,010	9	0,066	0,007	Partie habituellement
	4	102	1,526	3	0,015	25	0,814	0,033	exploitée.
2	1	45	0,029	»	0,001	45	0,029	0,001	Bords de forêt, côté des Rousses.
	2	65	0,361	13	0,006	20	0,332	0,017	Hêtre et épicéa mélangés.
	3	85	0,826	4 1/4	0,010	20	0,465	0,023	Partie habituellement
	4	105	1,363	2 1/2	0,013	20	0,537	0,027	exploitée.
	5	114	1,526	1 1/4	0,013	9	0,163	0,018	
3	1	40	0,016	»	0,001	40	0,016	0,001	Intérieur de forêt (les Rousses).
	2	60	0,100	9 1/2	0,002	20	0,084	0,004	Épicéa pur.
	3	80	0,284	5 1/3	0,004	20	0,184	0,009	Partie rarement exploi-
	4	100	0,408	1 3/4	0,004	20	0,124	0.006	tée.
	5	120	0,690	2 2/3	0,006	20	0,282	0,014	
	6	147	0,877	0.9	0,006	27	0,187	0,007	
4	1	48	0,047	»	0,001	48	0,047	0,001	Bords de forêt, côté des Rousses.
	2	67	0,390	11 1/2	0,006	19	0,343	0,018	Hêtre et épicéa mélangés.
	3	86	0,646	2 2/3	0,008	19	0,256	0,013	Partie habituellement
	4	106	0,902	1 2/3	0,009	20	0,256	0,013	exploitée.
	5	115	1,032	1 1/2	0 009	9	0,130	0,014	
5	1	30	0,047	»	0,001	30	0,047	0,001	Intérieur de forêt (Morez).
	2	59	0,408	7 2/3	0,007	29	0,361	0,012	Épicéa pur.
	3	79	0,826	3 1/2	0,010	20	0,418	0,021	Partie habituellement exploitée.
	4	99	1,266	2 1/8	0,013	20	0,440	0,022	Nota. Il est facile de
	5	109	1,526	1 7/8	0,014	10	0,260	0,026	reconnaître que cet arbre était complètement dé-
	6	132	2,671	2 1/2	0,020	23	1,145	0,050	gagé depuis 20 ou 25 ans.
6	1	45	0,001	»	0,000	45	0,001	0,000	Intérieur de forêt (Mor- bier).
	2	65	0,038	20	0,001	20	0,037	0,002	Épicéa pur.
	3	85	0,250	9 3/4	0,003	20	0,212	0,011	Partie rarement exploi-
	4	105	0,408	2 3/8	0,004	20	0,158	0,008	tée.
	5	125	0,646	2 1/4	0,005	20	0,238	0,012	
	6	147	0,826	1 1/6	0,006	22	0,180	0,009	
7	1	20	0,001	»	0,000	20	0 001	0,000	Intérieur de forêt (Mor- bier).
	2	40	0,069	24	0,002	20	0,068	0,003	Épicéa pur.
	3	60	0,164	4 3/8	0,003	20	0,095	0,005	Partie rarement exploi-
	4	80	0,250	2 1/8	0,003	20	0,086	0,004	tée.
	5	100	0,345	1 3/8	0,003	20	0,095	0,005	
	6	120	0,408	0.8	0,003	20	0,063	0,003	
	7	140	0,518	1 1/6	0,004	20	0,110	0,006	
	8	160	0,606	0.7	0,004	20	0,088	0,004	
8	1	150	0,043	»	0,000	150	0,043	0,000	Intérieur de forêt (Mor- bier). Épicéa pur.
	2	170	0,213	8 1/4	0,001	20	0,170	0,008	Partie peu exploitée.
	3	190	0,345	2 3/8	0,002	20	0,132	0,007	Nota. Cet arbre avait quatre centres ligneux
	4	210	0,491	1 3/4	0,002	20	0,146	0,007	enveloppés dans la même couche à partir de l'âge
	5	230	0,646	1 3/8	0,003	20	0,155	0,008	de 150 ans. Ce cas n'est
	6	248	0,826	1 1/6	0,003	18	0,180	0,009	pas rare.

Nous croyons utile, pour l'intelligence de ce tableau, de développer une de ces expériences, celle de l'arbre nº 1 Cet arbre présente quatre phases ou périodes de végétation indiquées par les chiffres 1, 2, 3 et 4, colonne 2.

La première période commence à la naissance de l'arbre et finit à l'âge de 30 ans. Il mesure à ce moment 10 décimètres cubes, colonne 4. Son accroissement moyen, $\frac{0.010}{30}$, plus petit qu'un décimètre cube, est porté, colonne 6, comme étant d'un décimètre cube. Les colonnes 7, 8 et 9 contiennent les mêmes chiffres respectivement que les colonnes 3, 4 et 6.

La seconde période commence à 31 ans et finit à 68. L'arbre mesure à ce moment 646 décimètres cubes. Son accroissement moyen est $\frac{646}{68}$, soit en nombre rond 10 décimètres cubes. Pendant la durée de la période il s'est accru de 646 — 10 = 636 décimètres cubes, colonne 8, soit à raison de 11 1/2 % par an, à intérêts composés, colonne 5. La moyenne de l'accroissement annuel pendant la période, $\frac{636}{38}$, est de 17 décimètres cubes, colonne 9.

La troisième période commence à 69 ans et finit à 77. L'arbre mesure à ce moment 712 décimètres cubes. Son accroissement moyen est $\frac{712}{77}$, soit en nombre rond 10 décimètres cubes. Pendant la durée de la période il s'est accru de 712 — 646 = 66 décimètres cubes, soit à raison de 1 % intérêts composés. La moyenne de l'accroissement annuel pendant la période, $\frac{66}{9}$, est de 7 décimètres cubes.

La quatrième période commence à 78 ans et finit à 102 ans, époque de la coupe. L'arbre mesure à ce moment 1,526 décimètres cubes. Son accroissement moyen est $\frac{1526}{102}$, soit en nombre rond 15 décimètres cubes. Pendant la durée de la période il s'est accru de 1526 — 712 = 814 décimètres cubes, soit à raison de 3 % intérêts composés. La moyenne de l'accroissement annuel pendant la période, $\frac{814}{25}$, est de 33 décimètres cubes.

4

On remarquera que la végétation de cet arbre, très lente jusqu'à l'âge de 30 ans, a été très active jusqu'à 68. A ce moment, trop serré par ses voisins, qui étaient plus vigoureux que lui, sa végétation a été de nouveau ralentie jusqu'à l'âge de 77 ans. Il a repris alors une grande vigueur par suite de la coupe des arbres qui le gênaient. Enfin, lorsqu'on l'a exploité, il était en bon état de croissance.

Des développements semblables peuvent être donnés pour chacun des arbres, mais la simple inspection du tableau les fait mieux et plus rapidement comprendre qu'une description écrite.

Ces expériences démontrent :

1° La lenteur de l'accroissement; les arbres n°ˢ 7 et 8 sont à cet égard particulièrement remarquables ;

2° Que la lenteur de l'accroissement tient à l'état serré des peuplements, car la végétation est beaucoup plus active dans les parties plus habituellement exploitées que dans celles qui, par suite de l'éloignement ou des difficultés d'accès, l'ont été moins fréquemment. On voit par là que, pour rendre de la vigueur aux peuplements trop serrés, il faut y faire des exploitations qui doivent évidemment porter sur les bois les plus âgés ou dépérissants, car ce sont les bois d'âge moyen et encore vigoureux qui ont le plus de chance de se rétablir ;

3° Que pour chaque arbre considéré individuellement, la végétation est active quand il a suffisamment d'espace, qu'elle se ralentit quand le massif se resserre, et qu'elle reprend encore vigueur si on éclaircit de nouveau. On voit par là que, pour avoir une bonne végétation, il ne faut pas que les arbres soient trop serrés et qu'ils doivent être régulièrement espacés, ce qui ne peut s'obtenir qu'en revenant avec les coupes à des intervalles rapprochés et en exploitant peu à la fois ;

4° Que si l'on tient compte des temps d'arrêt dans la végétation que tous les arbres à peu près sans exception ont éprouvés dans la jeunesse et du ralentissement causé par l'état généralement trop serré des massifs, l'âge des bois exploitables ne dépasse pas 100 à 120 ans. On voit par là : que l'âge des bois exploitables, évalué à 100 ou 110 ans, dans les anciens règlements de possibilité, est plus près de la vérité que celui de 160 ans, adopté dans les nouveaux aménagements; que l'âge d'exploitation varie d'après la manière dont la forêt est traitée; que cet âge ne peut être fixé qu'arbitrairement et qu'il n'est par conséquent que d'une utilité secondaire dans l'aménagement des forêts du Risoux.

A la fin de cette étude, nous avons représenté par des courbes la marche de la végétation des huit arbres d'expérience. Chaque feuille contient pour trois arbres la courbe de l'accroissement moyen en trait plein, et celle de l'accroissement annuel en trait pointillé, ainsi que les données de la construction. Ces données sont rapportées à deux axes perpendiculaires, l'un pour les âges et l'autre pour les accroissements. Les courbes de l'arbre n° 5 sont reproduites deux fois, à la planche n° 2 et à celle n° 3.

II.

ÉTUDE DE FORÊTS SUR SUISSE.

Dans le but de comparer entre elles les différentes manières d'administrer les bois sur les hauts plateaux, et en quelque sorte comme complément de nos études au Risoux, nous avons visité, sur la proposition qui nous en a été faite, plusieurs forêts appartenant à des communes ou à des particuliers, soit sur France, soit sur le territoire suisse limitrophe.

Sauf quelques restrictions apportées dans l'intérêt public, les communes suisses administrent elles-mêmes leurs propriétés sous la surveillance de l'état ou canton et du grand conseil de la Confédération helvétique. Par exemple, les coupes de bois sont autorisées par le conseil d'état du canton, et les ventes de forêts en fonds et superficie ne deviennent définitives qu'après avoir été ratifiées par le grand conseil.

Les pratiques forestières usitées par les communes ne diffèrent pas de celles des particuliers : ce sont les enseignements de l'expérience.

Quand une commune fait aménager ses bois et donne ainsi plus de garanties à l'intérêt public, l'Etat prend à sa charge une partie des dépenses de l'aménagement.

Nous avons visité en particulier la forêt des Pyles et les parcours attenants, qui forment ensemble un vaste domaine indivis entre quatre communes suisses et limitrophe du territoire des Rousses.

Le pâturage est affermé pour toute la durée de la belle saison, qui est d'environ quatre mois sur ces hauteurs. Le bétail reste nuit et jour sur les parcours; aux heures habituelles les vaches viennent au chalet pour y être traites. Les troupeaux peuvent aller partout, dans les parties boisées des parcours et même dans la forêt qui est contiguë, le bon état de la végétation n'en souffre pas, et les repeuplements naturels se font bien. Généralement le bois gagne sur les plaines, et pour arrêter les accrues, on fait des coupes dont nous parlerons tout à l'heure ; mais auparavant arrêtons-nous à la question du pâturage, sur laquelle nous avons en France, au moins dans les sphères administratives, des idées un peu trop absolues.

Les parcours sont loués par grandes étendues appelées *montagnes* On sait par expérience quel nombre de têtes de bétail une montagne peut nourrir, déduction faite des parties boisées et de la forêt. On sait également de quelle quantité ce nombre peut être augmenté à raison des ressources offertes par les parties boisées et par la forêt. La montagne ne s'afferme que pour le nombre de têtes de bétail qui peuvent y trouver leur nourriture, et le fermier, qui n'a pas intérêt à avoir des animaux mal nourris, n'excède pas ce nombre.

Depuis longtemps l'expérience a prouvé que le pâturage ainsi réglementé n'est pas nuisible et qu'il est peut-être même favorable à la végétation forestière. C'est donc le défaut d'une bonne réglementation qui est dangereux. Le pâturage ne devient nuisible qu'autant qu'il est impossible de le réglementer, et une bonne réglementation doit résulter d'une pratique judicieuse et de l'initiative du propriétaire.

Les coupes qu'il est d'usage de faire pour arrêter les accrues dans les parcours sont de plusieurs sortes, suivant qu'il s'agit du hêtre ou des résineux.

Coupe du hêtre. — On a reconnu que le hêtre, par son couvert épais et par ses feuilles, qui sont abondantes et ne se décomposent que longtemps après la chute, est préjudiciable au pâturage. C'est par cette raison qu'on s'attache particulièrement à le restreindre dans les parcours.

Le plus souvent on fait la coupe à blanc étoc du hêtre, avec réserve de tous les résineux. Cette coupe se renouvelle tous les 20 ou 30 ans. Quelquefois, on réserve un certain nombre de brins de hêtre, qui ne seront coupés qu'à l'exploitation suivante. Quelquefois encore, on ne fait qu'une sorte d'éclaircie très forte, dans laquelle on a soin de réserver les meilleures plantes, et de les émonder. Mais le furetage, que nous retrouverons chez les particuliers, ne se fait pas souvent, soit à cause de la difficulté de sauvegarder l'intérêt des communes, qui ne peuvent exploiter comme un particulier, soit parce que, bien exécuté, ce mode de traitement conserve trop de prépondérance au hêtre et n'assure pas convenablement l'intérêt du pâturage.

Dans les coupes de hêtre on réserve toujours les résineux, qui font l'objet d'exploitations distinctes. A cet égard, on se comporte comme dans les parties boisées des parcours où dominent les résineux.

Coupe des bois résineux. — On a reconnu que les résineux, lorsqu'ils ne sont pas trop serrés et lorsqu'on ne les laisse pas parvenir à un âge trop avancé, sont favorables au parcours, soit parce qu'ils conservent la fraîcheur du sol en été et offrent alors un herbage devenu rare dans les plaines, soit parce qu'ils abritent les troupeaux pendant les mauvais temps et contre les ardeurs du soleil.

On a également reconnu qu'au commencement de la saison du parcours, les troupeaux restent continuellement dans les plaines, où l'herbe est abondante, et qu'ils ne pâturent dans les sapinières qu'en été. La feuille des jeunes résineux, qui est tendre au printemps, a par suite le temps de durcir avant l'arrivée du bétail, qui l'évite à ce moment pour ne cueillir que les herbages.

Dans les parties peuplées de résineux, on coupe les arbres à mesure qu'ils viennent à maturité et qu'on en trouve une vente avantageuse. La coupe se fait en général à un âge beaucoup moins avancé que dans les forêts. On n'exploite pas à blanc étoc; on a soin seulement que les peuplements restants ne soient pas trop serrés ou composés d'arbres trop grands ou trop touffus. Quelquefois on pratique l'élagage sur les arbres qui ne sont pas particulièrement recherchés comme abri par les troupeaux. Ces arbres d'abri s'étalent en branches depuis le bas, et on les conserve jusqu'au dépérissement; quand ils sont dans les plaines, lorsqu'on est obligé de les couper, on les remplace ordinairement par des plantations qu'il est d'usage de garantir avec de fortes barrières, établies au moment où l'on plante, et qu'il n'est généralement pas nécessaire de remplacer lorsqu'elles tombent de vétusté, car les arbres sont alors assez forts pour se défendre eux-mêmes.

Exploitation de la forêt des Pyles. — La forêt des Pyles,

contiguë aux parcours que nous venons d'étudier, appartient par indivis, comme on sait, à quatre communes suisses. Ces communes s'entendent entre elles pour le martelage et pour la vente de la coupe autorisée chaque année par le conseil d'état. Le martelage est exécuté par des personnes déléguées à cet effet; la vente a lieu en commun, et on partage le produit.

La forêt des Pyles n'est pas aménagée, et nous n'avons pu nous renseigner sur sa contenance.

Comme l'indique son nom, elle se trouve à l'entrée du pays.

Elle s'étend sur un plateau accidenté compris dans la vallée des Dappes, et appartenant, comme le Risoux, à l'étage supérieur du système oolithique.

L'altitude est de 1,200 mètres environ. Les hautes montagnes de la Dôle, du Noirmont et du Massacre l'abritent un peu, mais elle est cependant exposée aux grands vents venant par les vallées que suivent les routes de Saint-Cergues et de Gex.

Les essences sont l'épicéa, le sapin et le hêtre. L'épicéa domine, et dans les martelages, on a soin d'entretenir le mélange. On exploite les bois parvenus à maturité et quelques arbres en bon état de végétation, mais seulement lorsqu'ils sont trop serrés. L'âge des bois exploités est le même qu'au Risoux; les arbres sont plus forts, d'aussi bonne qualité, et l'on remarque qu'ils ont été moins longtemps dominés pendant la jeunesse. L'assiette des coupes n'est pas faite avec toute la régularité désirable.

La possibilité considérée par rapport à l'ensemble de la forêt est depuis longtemps trop faible. Beaucoup de peuplements renferment jusqu'à 400 mètres cubes à l'hectare, et la fertilité n'en comporte que 200 à 250.

Quoique la végétation soit très ralentie par la présence d'un excès de matériel, les arbres sont encore fertiles et l'on ne remarque pas de bois dépérissants. Les repeuplements naturels se produisent, la graine lève partout, mais les semis périssent au bout de quelques années dans les parties trop serrées.

On remarque que le sapin se sème mieux que l'épicéa, et celui-ci mieux que le hêtre ; mais les semis de ces deux dernières essences, et surtout celui du hêtre, sont d'une croissance plus rapide que les semis de sapin, et ne tardent pas à prendre le dessus lorsqu'on vient à découvrir trop complétement le terrain.

Nous n'avons pas rencontré d'arbres atteints du bostriche, mais l'insecte existe, comme dans toutes les forêts où domine l'épicéa, et l'on est continuellement en garde contre les ravages qu'il peut occasionner. On évite ces ravages par le mélange des essences, qui est conservé ainsi que nous l'avons vu, et par deux prescriptions principales : 1° l'exploitation dans un court délai après le martelage, qui se fait ordinairement au commencement de juin ; 2° l'obligation imposée à l'adjudicataire d'écorcer les bois immédiatement après l'abatage, sous peine d'une amende de 3 francs par arbre non écorcé. L'amende est encourue lors même qu'une seule bille de l'arbre n'est pas écorcée.

Pour que ce régime forestier offrit toutes les garanties que l'on peut exiger dans l'intérêt public, il devrait encore assurer la régularité des exploitations, la périodicité de leur retour, et un contrôle facile. A cet effet, on devrait partager la forêt en divisions bien établies sur le terrain, faire des prévisions d'exploitation pour de courtes durées, fixer le matériel à réserver dans les coupes et avoir un cahier d'aménagement contenant les inventaires distincts, par division, des bois coupés et de la réserve.

Tel qu'il est, ce régime forestier a moins d'inconvénients que celui que nous avons en France.

Les inconvénients du régime auquel sont soumises les forêts des communes françaises sont bien connus dans cette contrée de la Suisse, et le fait suivant doit être attribué, au moins en partie, au peu de sympathie qu'il rencontre chez nos voisins. Il y a quelques années qu'un traité a modifié la limite internationale dans la vallée des Dapes. Par suite du déplacement de la ligne délimitative, une partie des forêts de la commune suisse de Saint-Cergues, précédemment située sur le territoire suisse, s'est trouvée appartenir au territoire français. Immédiatement après la ratification du traité, la commune de Saint-Cergues s'est mise en mesure pour réaliser les bois exploitables de cette partie de forêt et vendre le fonds avec les jeunes bois restant après la coupe.

Cette opération, qui n'est pas conforme à l'intérêt public, serait pécuniairement très profitable pour les communes propriétaires au Risoux ; ces communes, ainsi que nous l'avons vu à la première partie, obtiendraient par la réalisation un capital qui décuplerait le revenu qu'elles ont eu jusqu'à présent, avec notre régime forestier, qui leur impose des sacrifices évidemment exagérés.

III.

FORÊTS SUR FRANCE.

Les forêts que nous avons visitées sur France sont situées dans la vallée de la Darbella et dans le voisinage du Risoux. Elles appartiennent à des communes et à des particuliers.

La haute vallée de la Darbella, dont le fond est à 1,100 et 1,200 mètres d'altitude, est formée par deux chaines de montagnes parallèles au système général du mont Jura, et qui se prolongent pour former ensuite la Combe du Lac. La Darbella et la Combe du Lac sont séparées par un exhaussement qui s'étend d'une chaîne à l'autre.

La plus élevée des deux chaines est celle du versant est de

la Darbella, qui forme en même temps le versant ouest de la Valserine. Son point culminant, la Serra, est à 1,500 mètres d'altitude. Elle comprend le bois du Massacre.

Les points culminants de la chaîne qui forme le versant ouest de la Darbella sont à 1,300 mètres d'altitude.

Les sommets des deux chaînes de montagnes sont occupés par des bois communaux. Au pied des versants, de chaque côté de la Darbella, se trouvent des forêts particulières, et, dans le fond de la vallée, des prés-bois et des pâturages. Les conditions de sol et de climat que présentent ces différentes forêts sont les mêmes qu'au Risoux.

Forêts communales du versant est. — La forêt communale du Massacre est presque exclusivement peuplée de bois résineux. Les parties que nous avons parcourues sont des coupes d'ensemencement déjà anciennes, dont la réserve est formée d'arbres âgés de 100 à 150 ans régulièrement espacés et encore en bon état de végétation. Ces coupes, situées dans des dépressions de terrain, où elles sont en partie abritées contre les vents, se trouvent dans des conditions particulièrement favorables pour la régénération naturelle; cependant elles ne sont pas ensemencées, et c'est à peine si l'on y remarque par places quelques semis plus anciens que les coupes. Leur insuccès paraît tenir à plusieurs causes : l'action atmosphérique sur le sol, nécessaire à la réussite des semis naturels, est trop complétement interceptée là où les réserves sont nombreuses; ailleurs elle n'est pas suffisamment modérée : les arbres sont trop âgés et forment un couvert trop élevé. Si nous en jugeons par ce que nous avons observé sur les autres points de la Darbella, nous pensons que pour obtenir le réensemencement naturel, on aurait dû former la réserve avec un plus grand nombre d'arbres, mais moins âgés et donnant un couvert moins élevé. Pour cela il aurait fallu faire la coupe d'ensemencement 30 ou 40 ans plus tôt.

Forêts communales du versant ouest. — Dans ces forêts le hêtre est plus abondant. Les parties que nous avons parcourues sont en coupes d'extraction de vieux bois sur de jeunes peuplements âgés de 20 à 40 ans. Il est facile de reconnaître que ces jeunes peuplements proviennent de semis venus après l'exploitation des bois dominants, et que les arbres laissés dans les coupes anciennes, et qui ont ensemencé le sol, étaient en majorité des bois d'âge moyen.

Il nous a paru que l'on se proposait de faire en une seule fois l'extraction des vieux bois. Comme ceux-ci sont encore nombreux, la jeunesse aura beaucoup à souffrir, et, après l'exploitation, il ne restera pas assez de matériel pour utiliser toute la fertilité.

Forêts particulières. — Les forêts particulières que nous avons visitées au pied des deux versants de la Darbella sont généralement bien peuplées en jeunes bois ; mais on a trop coupé, il ne reste plus un matériel suffisant à l'hectare moyen, et une partie de la fertilité se perd. On reconnaît facilement à leur conformation et à leur vigueur que les arbres dominants qui ont produit les semis ont crû moins serrés, et, à dimensions égales, qu'ils sont moins âgés que dans les forêts des communes.

Prés-bois. — Le fond de la vallée est occupé par des pâturages, dans lesquels se trouvent de nombreux bouquets de bois composés principalement d'essences résineuses. On traite le hêtre et les résineux comme en Suisse. Seulement on fait les coupes avec plus de soin, et dans beaucoup de propriétés on élague même les jeunes bois lorsqu'ils sont au bord des pâturages. Les élagages ne sont pas irréprochables. Les jeunes bois surtout sont élagués trop haut, et on laisse le plus souvent des chicots aux arbres déjà forts. Ces chicots restent dans le corps de l'arbre et apparaissent dans le bois débité, sous forme de nœuds noirs.

Dans ces prés-bois, les repeuplements naturels se font bien. Le sol, même dans les massifs les plus serrés, n'est jamais, comme dans les bois des communes, soustrait à l'action atmosphérique, qui se fait toujours sentir par les bords, et la végétation des arbres est généralement plus vigoureuse.

Forêts particulières dans le voisinage du Risoux. — Sur le versant est du Risoux, formant la rive gauche de la vallée de l'Orbe et joignant les forêts des communes, se trouvent beaucoup de forêts particulières, soit en résineux purs, soit en essences mélangées, soit en hêtre pur.

Les bois résineux et mélangés se traitent comme dans la Darbella. Plusieurs propriétés sont entretenues avec beaucoup de soin et d'intelligence. Quelques-unes renferment trop de matériel; il en est, au contraire, qui sont trop fortement exploitées, mais le repeuplement naturel se produit généralement partout, malgré le pâturage, qui est ordinairement exercé.

Le pâturage se fait comme en Suisse, c'est-à-dire que chaque propriétaire ne met sur son terrain que le bétail qui peut s'y nourrir; mais il est rarement affermé.

Furetage du hêtre. — Les parties de hêtre pur sont généralement furetées.

Le furetage est exécuté par le propriétaire lui-même, qui exploite avec ses ouvriers les bois dont il a besoin pour son usage ou ceux qu'il se propose de vendre. Ces coupes ne reviennent pas à des époques bien fixes; elles se font tous les six, huit ou dix ans, selon les besoins du propriétaire ou les avantages de la vente. Elles consistent à enlever successivement dans chaque partie de la propriété les tiges les plus fortes de chaque cépée, et à laisser toutes les autres

Ainsi exploitées, les cépées prennent des dimensions considérables et sont d'une grande vigueur. Elles se composent de rejets qui ont quatre ou cinq âges différents et dont les plus forts ont de 30 à 40 ans. Il n'est pas rare de trouver des cépées dont la coupe à blanc étoc rendrait jusqu'à deux et trois stères, quartier, rondin et charbonnette compris.

Il est impossible de se rendre compte de l'âge des souches, qui peut être de plusieurs siècles.

Les tiges présentent souvent des nodosités, qui proviennent de la cicatrisation des plaies faites par les anciennes exploitations. A cet égard, certaines propriétés sont beaucoup mieux soignées que d'autres.

Le pâturage est pratiqué dans les forêts furetées, et le bétail peut aller partout; mais il y a des parties tellement serrées qu'elles sont impénétrables. Ce n'est pas là qu'on remarque la plus belle végétation, mais bien dans les petits vallons favorables au parcours, où l'on a eu soin de ne pas laisser les cépées trop près les unes des autres, et où l'on coupe souvent.

Les parties très serrées et d'une moins bonne végétation sont celles où l'on a beaucoup coupé en une seule fois; les tiges y sont particulièrement chargées de nodosités.

Nous avons essayé de nous rendre compte de l'accroissement de ces forêts furetées par le chiffre des exploitations faites pendant le temps correspondant à l'âge des tiges les plus anciennes. Il est impossible de se procurer des renseignements complets, mais ceux que nous avons obtenus nous font penser que l'accroissement annuel ne peut être estimé au-dessous de trois à quatre mètres cubes par hectare dans les parties accessibles au bétail, et seulement la moitié au plus de ce chiffre dans les parties très serrées et impénétrables. Dans notre opinion, cette différence ne peut être attribuée au pâturage, mais bien à l'état des peuplements, qui ont une végétation moins bonne lorsqu'ils sont trop serrés que lorsqu'ils sont fréquemment éclaircis.

IV.

CONDITIONS DE LA RÉGÉNÉRATION NATURELLE.

Nous avons vu par les études qui précèdent que les repeuplements naturels ne réussissent pas dans les forêts communales du Risoux, et qu'ils réussissent, au contraire, dans les forêts des particuliers. Les conditions de sol et de climat étant les mêmes de part et d'autre, la différence des résultats ne peut s'expliquer que par la différence dans la manière de traiter les forêts.

Dans les coupes de régénération, l'administration forestière entame trop fortement les massifs. Les bois qu'elle réserve sont trop âgés, ont trop souffert de l'état serré, ne peuvent assurer au sol un abri suffisant et donnent un couvert trop élevé. La plupart du temps le vent les renverse, le sol trop dégarni se dessèche, et le semis ne se produit pas.

La consistance des forêts particulières où la régénération naturelle se produit est différente. Dans les parties les mieux traitées, les massifs sont entretenus moins serrés, les vieux bois sont enlevés peu à peu, les bois moyens servent de porte-graines, et l'abri nécessaire au sol est formé non-seulement par ces porte-graines, mais encore par tous les bois plus jeunes dans lesquels on ne fait que des éclaircies.

On peut donc poser en principe que, pour obtenir la régénération naturelle dans les conditions du Risoux,

Lorsque les forêts sont en bon état, on doit :

1° Ne pas attendre que les massifs soient trop âgés avant de les mettre en coupe de régénération ;

2° Garder comme porte-graines des arbres en pleine vigueur et convenablement espacés ;

3° Conserver comme abri indispensable du sol les bois

moins âgés, dans lesquels on enlèvera après chaque coupe les sujets que les exploitations auront endommagés et ceux qu'il peut être utile de supprimer comme éclaircie dans la jeunesse.

Dans l'état actuel du Risoux, on doit préparer la régénération naturelle par le rétablissement du bon état de la végétation, et pour cela :

1° Dans les parties composées de bois de différents âges, enlever les vieux bois en plusieurs fois, et ménager ainsi ces peuplements, qui ont longtemps souffert de l'état serré, et après chaque coupe, extraire parmi les jeunes bois ceux qui auront été endommagés par l'exploitation, et les secs et dépérissants.

2° Dans les parties composées de bois de même force ou à peu près de même âge, dégager peu à peu les arbres les meilleurs, et ainsi leur faire reprendre progressivement une bonne végétation.

Partout où le mélange des essences existe, on doit le conserver.

QUATRIÈME PARTIE.

AMÉNAGEMENT.

—⁓⁓⁓—

I.

RÉGIME FORESTIER.

Dans le cours de législation et de jurisprudence professé à l'Ecole forestière, M. Meaume définit le régime forestier : « L'ensemble des règles spéciales tracées pour l'administration » des bois et forêts sur lesquels l'Etat exerce un droit de » propriété ou de tutelle. »

Les communes ont un droit de propriété absolu sur leurs bois [1].

En vertu de la fiction qui consiste à les regarder comme mineures [2], elles sont placées sous la tutelle de l'Etat, et leurs bois sont soumis au régime forestier [3].

Le principe du régime forestier dans son application aux bois communaux est incontestable. Nous avons vu qu'il est reconnu même en Suisse, où les forêts des communes sont placées sous la surveillance de l'état ou canton et du grand conseil. Mais il est naturel d'admettre que les règles qui le constituent peuvent être modifiées à mesure du progrès et lorsque le besoin s'en fait sentir.

(1) Rapport à la chambre des pairs sur le projet de Code forestier, par M. le comte Roy. — Exposé des motifs du Code forestier, par M. de Martignac.

(2) Rapport à la chambre des députés sur le projet de Code forestier, par M. Favard de Langlade.

(3) Code forestier, articles 1 et 90.

M. Favard de Langlade, rapporteur du projet de Code forestier devant la Chambre des députés, s'est attaché, dans la
séance du 12 mars 1827, à établir que les dispositions législatives sur les bois communaux sont conformes à la loi du 14-18
décembre 1789, dont nous avons cité l'article 50, qui attribue
au pouvoir municipal la régie, sous la surveillance et l'inspection des assemblées administratives, des biens et revenus
communs.

Jugeant cette partie du Code forestier, M. le comte Roy,
rapporteur du projet devant la Chambre des pairs, s'exprime
ainsi dans la séance du 8 mai 1827 : « On ne peut méconnaître
» que les dispositions du projet de loi relatives aux bois des
» communes et des établissements publics n'apportent à leur
» situation de sensibles améliorations. Quelques-unes peuvent
» encore être désirées, mais il serait difficile de les établir tant
» que le pouvoir municipal ne sera pas organisé et que les
» fonctions qui lui sont propres ne seront pas définitivement
» réglées. »

La loi municipale intervenue en 1837 se borne à excepter
des attributions du conseil municipal le règlement de la jouissance des bois communaux, et n'ajoute rien au Code forestier,
contrairement à ce qu'on devait attendre.

Nous allons essayer de dégager des études qui précèdent les
nouvelles attributions qu'il serait utile et en même temps possible de donner dès maintenant aux communes propriétaires
au Risoux, dans l'administration de leurs bois.

Les aménagements ayant pour objet de régler la jouissance
des communes, sont une véritable disposition de propriété qui
ne peut avoir lieu sans le concours réel et sérieux de l'autorité
municipale. Dans l'état actuel de la législation, les conseils
municipaux appelés à délibérer sur les propositions de l'administration ne peuvent accorder que des votes de confiance ou
adresser des objections faciles à écarter, parce que les com-

5

munes n'ont pas été éclairées par des explications demandées
et reçues en forêt pendant le cours des travaux d'aménagement. Ces explications sur place sont indispensables pour que
le système des aménagements, avec les combinaisons très
compliquées qu'il exige, puisse être compris et que les conseils
municipaux appelés ensuite à délibérer puissent le faire en
connaissance de cause.

Le vœu de la loi ne peut être que les conseils municipaux
délibèrent sans être suffisamment éclairés. Nous avons vu
d'ailleurs que le concours des communes propriétaires au Risoux aurait pu prévenir de grands désastres dans leurs bois,
car le système d'aménagement dont on a essayé, en opposition
avec les données de l'expérience, n'est pas justifiable, même
en théorie.

Des contestations fondées peuvent donc s'élever entre les
communes propriétaires et l'administration. La science forestière est essentiellement pratique; le traitement doit avoir
égard aux exigences particulières de chaque forêt, et l'aménagement doit se prêter même à l'exploitation de coupes extraordinaires pour subvenir aux besoins imprévus des communes.

Un recours devant les tribunaux administratifs est donc
indispensable, car s'il en était autrement, l'administration
forestière serait maîtresse absolue de faire comme elle l'en-
tendrait.

N'avons-nous pas vu, pour les forêts du Risoux et de Bataillard, que l'administration forestière a pu faire décider des
aménagements auxquels les communes se seraient opposées
si elles avaient pu les comprendre; qu'elle a fait introduire
dans les décrets dont ils ont été l'objet une clause qui lui permet, contrairement à la loi, de modifier ces aménagements
sans le concours des communes; enfin qu'elle exerce, par une
simple décision de M. le directeur général, prise sans l'assen-
timent des communes, le précomptage qui est une véritable

modification de l'aménagement, sans observer, comme le veut la loi, les formalités prescrites pour un aménagement.

Nous pensons donc que dans le cas de contestation entre les communes et l'administration forestière, le conseil de préfecture doit statuer, sauf le recours au conseil d'Etat.

Les frais d'aménagement sont très élevés et entièrement à la charge des communes. Dans l'intérêt général, les communes doivent supporter le régime forestier, charge très lourde et que l'absence de contrôle aggrave encore, ainsi que nous l'avons vu pour le Risoux.

Il y a lieu de penser que si l'Etat supportait une partie des frais d'aménagement, ces travaux seraient mieux exécutés, car les aménagements du Risoux, qui ont été décrétés pour 160 ans, ont été déjà faits deux fois depuis 1857, et il est nécessaire de les faire encore une troisième fois.

Ces modifications à apporter au régime forestier, savoir : participation des communes à l'aménagement de leurs bois, recours en cas de contestation devant les tribunaux administratifs, et contribution de l'Etat aux dépenses de ces travaux, peuvent être formulées dans une nouvelle rédaction de l'article 90.

Nouvel article 90 du Code forestier.

§ 1er. (ancien § 1er sans changement). *Sont soumis au régime forestier, d'après l'article 1er de la présente loi, les bois taillis ou futaies appartenant aux communes et aux établissements publics, qui auront été reconnus susceptibles d'aménagement ou d'une exploitation régulière par l'autorité administrative, et d'après l'avis des conseils municipaux ou des administrateurs des établissements publics.*

§ 2 (nouveau). *Lorsqu'il y aura lieu d'opérer l'aménagement de forêts ou de terrains en pâturage qu'il s'agira de convertir en bois, la commune ou l'établissement public propriétaire sera appelé à l'opération par un arrêté du préfet signifié deux mois d'avance. Après ce délai, l'administration forestière procédera à l'aménagement en présence ou en l'absence des intéressés. L'État supportera la moitié des frais.*

§ 3 (ancien § 4 modifié). *La proposition de l'administration forestière sera communiquée au maire ou aux administrateurs des établissements publics. Le conseil municipal ou ces administrateurs seront appelés à en délibérer. En cas de contestation, il sera statué par le conseil de préfecture, sauf le pourvoi au conseil d'État.*

§ 4 (ancien § 2). *Il sera procédé dans les mêmes formes à tout changement qui pourrait être demandé, soit du mode d'aménagement, soit du mode d'exploitation.*

§ 5 (ancien § 3). *En conséquence, toutes les dispositions des six premières sections du Titre III leur seront applicables, sauf les modifications et exceptions portées au présent titre.*

Ainsi que nous l'avons établi pour le Risoux, ces améliorations ne sont pas les seules à apporter au régime forestier. Les formalités administratives, par leur nombre, nuisent à la bonne administration des bois communaux, et le temps qu'elles exigent est loin d'être une garantie, soit dans l'intérêt des propriétaires, soit dans l'intérêt général.

C'est au long séjour en forêt des chablis qu'est dû le développement extraordinaire du bostriche, et il est nécessaire de changer le mode d'exploitation de ces produits forestiers.

La lenteur avec laquelle les coupes de bois secs sont autorisées et l'obligation de les vendre au chef-lieu occasionnent des pertes d'intérêt d'argent et perpétuent les ravages du bostriche.

Les ventes des coupes principales au chef-lieu sont également une occasion de perte d'argent sans compensation, par suite du développement du commerce et de la concurrence qui a lieu partout à présent.

Le martelage des coupes principales et en général l'application des aménagements peuvent être, sans inconvénients, confiés aux communes, à la condition d'abandonner un système d'aménagement compliqué, contraire aux enseignements de l'expérience et préjudiciable à la fois aux communes propriétaires et à l'intérêt public, et d'établir un contrôle des aménagements qui serait utilement confié à l'administration forestière et reposerait sur un compte exactement tenu pour chaque coupe des bois exploités et des bois réservés, et sur l'obligation de laisser dans chaque exploitation un matériel suffisant.

Ces différentes modifications, dont l'utilité est incontestable, peuvent être résumées sous forme de projet de loi et venir dans le Code forestier à la suite de l'article 90.

ARTICLE 90 *bis.*

§ 1er. *Les communes ou les établissements publics dont les forêts auront été aménagées, seront autorisés, sur leur demande, à appliquer les aménagements sous la surveillance de l'administration forestière.*

§ 2. *En cas de contestation sur l'application des aménagements, il sera statué par le conseil de préfecture, sauf le pourvoi au Conseil d'État.*

§ 3. *L'interdiction des communes ou des établissements publics pourra, s'il y a lieu, être prononcée pour un temps qui n'excédera pas cinq ans et pendant lequel l'administration forestière opérera comme dans les bois de l'État.*

§ 4. *Les frais d'administration seront réduits des deux tiers pour les communes qui appliqueront elles-mêmes leurs aménagements.*

Les modifications relatives au traitement et à l'aménagement se déduiront aisément du chapitre suivant.

III.

PROJET D'AMÉNAGEMENT POUR LE RISOUX.

Nous terminerons cette étude en donnant un projet d'aménagement applicable à chacune des forêts communales du Risoux et à celle de Bataillard.

1° *Cadre de l'aménagement.*

La forêt sera partagée en divisions à peu près égales, de 15 à 20 hectares chacune, bien fixées sur le terrain par des bornes numérotées et des cordons en pierre brute, et aboutissant, autant que possible, sur les chemins, qui devront être utilisés comme sommières ou comme lignes de division toutes les fois qu'on le pourra.

L'aménagement sera établi pour une durée de vingt ans, divisée en deux périodes de dix ans, à chacune desquelles on attribuera la moitié des divisions de la forêt à titre d'affectation.

2° *Traitement pendant la première période de dix ans.*

1re *affectation.* — On exploitera dans la première affectation le matériel surabondant en deux coupes espacées de cinq ans. Seront considérés comme faisant partie du matériel surabondant, les arbres dépérissants, mûrs, ou encore en bon état de croissance, mais trop serrés. Le matériel surabondant est évalué en moyenne au tiers du matériel de l'affectation; on enlèvera par conséquent à chaque coupe un sixième de ce matériel. On aura soin de réserver les arbres les meilleurs, de faire qu'ils soient également espacés et que la consistance du peuplement restant soit partout aussi égale que possible. Immédiatement après la coupe, on exploitera les jeunes bois secs ou endommagés par l'exploitation.

2ᵉ affectation. — On exploitera dans la seconde affectation les arbres dépérissants à raison d'un mètre cube par hectare et par an. Les coupes reviendront tous les cinq ans dans chaque division, de sorte que la coupe annuelle se fera à raison de cinq mètres cubes par hectare.

Bois secs et chablis. — Sur toute l'étendue de la forêt, on fera chaque année, en juin et août, deux exploitations des bois secs et atteints du bostriche, jusqu'à ce que les ravages de cet insecte soient arrêtés. A partir de ce moment, une seule exploitation des bois secs sera nécessaire par année. Les chablis se·ront compris dans la coupe des bois secs et atteints du bostriche.

3° *Traitement pendant la seconde période de dix ans.*

2° affectation. — Pendant la seconde période de dix ans, la seconde affectation sera traitée exactement de la même manière que la première affectation l'a été dans la première période.

1ʳᵉ affectation. — Pendant la durée de la deuxième période, la première affectation sera éclaircie une fois dans le but de desserrer les jeunes peuplements.

Bois secs et chablis. — Les ravages du bostriche seront probablement arrêtés après les deux ou trois premières années de la première période, et une seule coupe par an, qu'il sera toujours convenable de faire au mois de juin, suffira pour l'exploitation des bois secs et chablis.

4° *Fixation de la possibilité.*

Pendant la première période, la première affectation sera exploitée, comme on vient de le dire, en coupes de régularisation, ayant pour but d'enlever une partie du matériel surabondant, et la seconde en coupe d'extraction de vieux bois; et pendant la seconde période, la seconde affectation sera à son tour exploitée en coupes de régularisation et la première en coupes d'éclaircie. Il s'agit de fixer les coupes annuelles ou la possibilité.

Possibilité des coupes de régularisation. — La possibilité de ces coupes sera déterminée de la manière suivante :

Au début de la période on comptera par divisions, et on cubera au tarif adopté tous les arbres mesurant 0^m50 de tour et plus. Ces arbres seront classés par circonférence de deux en deux décimètres. La catégorie des arbres de 6 décimètres de tour comprendra ceux qui mesurent à 1^m33 de hauteur 5 décimètres et plus, mais moins de 7 décimètres ; la catégorie des arbres de 8 décimètres comprendra ceux qui mesurent 7 décimètres et plus, mais moins de 9 décimètres de tour, et ainsi de suite.

Le total du matériel sera établi par division et pour toute l'affectation. Le tiers de ce cube représentera la possibilité pour la période de dix ans. Il ne sera pas tenu compte de l'accroissement futur.

L'exploitation du tiers du matériel devant être faite en deux coupes, chaque coupe comprendra le sixième du matériel.

L'assiette des coupes se fera par contenance, et on s'arrangera de manière à exploiter chaque année un nombre entier de divisions, dont le sixième du matériel existant au début de la période approche suffisamment du chiffre de la possibilité.

Ces prévisions d'exploitation seront consignées dans un état figurant au cahier de l'aménagement.

Par exemple, la première affectation comprenant 150 hectares partagés en dix divisions de 15 hectares, et le matériel total étant de 45,000 mètres cubes, on devra exploiter en dix ans 15,000 mètres cubes, et la coupe annuelle sera de 1,500 mètres cubes. — Si la première division contient 3,600 mètres cubes et la seconde 5,400, soit ensemble 9,000 mètres cubes, le sixième de ce chiffre étant 1,500 mètres cubes, ces deux divisions feront une coupe au début de la période et une autre à la sixième année, et l'on devra prendre chaque fois 600 mètres cubes sur la première et 900 mètres cubes sur la seconde.

Possibilité des coupes d'extraction. — Les coupes d'extraction qui devront avoir lieu pendant la première période dans la seconde affectation, se feront à raison d'un mètre cube par hectare et par an. Elles reviendront, comme les coupes de régularisation, tous les cinq ans, et seront, par conséquent, chaque fois de 5 mètres cubes par hectare.

Par exemple, la seconde affectation se composant de dix divisions de 15 hectares, la coupe annuelle s'étendra sur deux divisions, soit 30 hectares, et sera de 150 mètres cubes.

Possibilité des coupes d'éclaircie. — Les coupes d'éclaircie qui devront avoir lieu pendant la seconde période, dans la première affectation, se feront par contenance. Il suffira de passer une fois avec ces coupes sur chaque division, de sorte que si l'affectation comprend dix divisions, la coupe annuelle portera sur une division. On ne devra pas prendre plus que dans les coupes d'extraction, un mètre cube par hectare et par an, soit 10 mètres cubes par coupe ou division.

Résumé de la possibilité. — En résumé, on exploitera, en vingt ans, outre les bois secs et chablis, savoir :

Par les coupes de régularisation, le tiers du matériel existant, soit à raison de 300 mètres cubes par hectare moyen . 100^m

Par les coupes d'extraction, un mètre cube par hectare et par an, sur moitié de la forêt 10

Par les coupes d'éclaircie, un mètre cube par hectare et par an, sur moitié de la forêt 10

Total . . . . . . 120^m

Dont le vingtième est de . . . 6

Nous avons vu que l'accroissement moyen passé est de 4 mètres cubes. On exploitera moitié plus, soit, en totalité, quarante mètres cubes de l'excès de matériel existant à l'hectare moyen. Cette réalisation de bois dépérissants, mûrs ou trop serrés, activera la croissance, et à l'expiration des vingt ans, la forêt contiendra au moins autant de matériel qu'à présent.

5° Exécution de l'aménagement.

L'exécution de l'aménagement, qu'il soit appliqué par l'administration forestière ou par les communes, n'offrira pas de difficultés.

La plupart des habitants du pays ont la pratique des sapinières. Il s'agit de choisir les arbres dépérissants, mûrs ou en excès, et chacun est en état de faire ce choix. La seule difficulté consiste à ne pas dépasser le chiffre de la possibilité. On peut se rendre compte comme suit, de la manière d'opérer dans les différentes coupes :

Coupes de régularisation. — Dans ces coupes, on doit enlever un sixième des bois existants au début de la période, et laisser un matériel réparti aussi régulièrement que possible sur toute l'étendue de la coupe. Dans les parties moins peuplées que la moyenne, on prendra un peu moins du sixième, et dans celles qui le sont davantage, on prendra un peu plus. La coupe annuelle doit comprendre au moins deux divisions, et l'on sait ce que l'on doit marquer dans chaque division. Quand on sera au bout d'une division, on fera le cubage au tarif de ce qui est marqué. Si l'on dépasse, on démarquera, parmi les meilleurs, un nombre d'arbres qui représentera l'excédant. Si l'on est en dessous, on marquera, parmi les moins bons, un nombre d'arbres qui représentera le manquant. On se vérifiera de la même manière à chaque division.

Coupes d'extraction. — Dans les coupes d'extraction, on doit couper cinq mètres cubes par hectare, pris parmi les arbres dépérissants. Chaque coupe comprenant plusieurs divisions, on se vérifiera et se rectifiera au besoin de la manière indïquée pour le cas précédent.

Coupes d'arbres chablis, secs et atteints du bostriche. — Les arbres verts et vifs atteints du bostriche, les seuls qui demandent de l'attention, se reconnaissent aux branches qui commencent à sécher tantôt à la cime, tantôt à la partie infé rieure, à de petits trous ronds fraîchement faits que l'on commence à apercevoir à hauteur d'homme. En cas de doute, on enlève avec le marteau une plaquette d'écorce, et dès qu'on aperçoit des galeries, l'arbre doit prochainement périr et être marqué.

Coupes d'éclaircie. — Les coupes d'éclaircie n'arriveront qu'en seconde période dans la première affectation. Comme on aura déjà enlevé le vieux matériel, qui est généralement mêlé avec les jeunes peuplements, et parmi ceux-ci, déjà extrait les arbres secs ou endommagés, les éclaircies seront peu importantes, et consisteront surtout dans l'enlèvement de bois dominés ou hors d'état de prospérer.

6° *Contrôle de l'aménagement.*

On établira pour chaque forêt un cahier d'aménagement dont la composition est indiquée au § 8. Dans ce cahier il sera fait état des arbres réservés et des arbres abandonnés dans les coupes.

Réserve. — A chaque division il sera attribué un certain nombre de feuilles pour l'enregistrement de la réserve. La première feuille de chaque division contiendra d'abord l'inventaire détaillé du matériel existant au début de l'aménagement. A la suite, on inscrira les inventaires de la réserve faite dans les coupes et les recensements que l'on aura jugés nécessaires à titre de supplément de contrôle ou d'expérience.

Abandon. — A chaque division il sera pareillement attribué un certain nombre de feuilles pour l'enregistrement des arbres exploités chaque année dans les coupes de régularisation, d'extraction, de bois secs et chablis et d'éclaircie.

Inventaire. — Tous les arbres réservés ou abandonnés à l'exploitation seront mesurés au compas forestier et classés par catégorie de deux en deux décimètres de circonférence à partir de 6 décimètres de tour à 1ᵐ33 de hauteur. Seront comptés comme arbres de 6 décimètres de tour ceux qui ont 5 décimètres ou plus, mais moins de 7; comme arbres de 8 décimètres de tour ceux qui ont 7 décimètres ou plus, mais moins de 9, et ainsi de suite. Les cubages seront faits avec le tarif adopté pour la forêt.

Communes appliquant elles-mêmes l'aménagement. — L'état des bois à exploiter sera fourni immédiatement après les martelages à l'administration forestière qui le vérifiera, en prendra note sur le cahier d'aménagement pour servir au contrôle. Cette formalité s'accomplira pendant le délai de publication de la vente. L'exploitation sera terminée le plus promptement possible.

Les arbres atteints du bostriche dans les coupes principales seront recherchés avec soin, abattus et écorcés de suite après la vente et avant les arbres sains.

Le récolement des coupes sera fait par l'administration forestière et consistera dans l'inventaire de la réserve, qui sera porté au cahier de l'aménagement. Le rapprochement qu'il sera facile d'établir entre la réserve, l'abandon et le matériel existant au début de l'aménagement, servira de contrôle.

On fera des inventaires toutes les fois qu'on en reconnaitra l'utilité.

L'inventaire ne sera de rigueur immédiatement après l'exploitation que pour les coupes de régularisation.

Pour les coupes d'extraction de vieux bois, d'arbres secs et chablis et d'éclaircie, l'inventaire de la réserve, ou des bois restant après la coupe, pourra être fait immédiatement après l'exploitation, mais ne sera de rigueur qu'au début de chaque rotation de cinq ans.

Tous les inventaires seront enregistrés au cahier d'aménagement.

Communes n'appliquant pas elles-mêmes l'aménagement. — Dans les forêts des communes qui n'appliqueront pas elles-mêmes l'aménagement, l'administration forestière fera les opérations de martelage et de récolement par division et consignera les inventaires au cahier d'aménagement.

7° *Travaux d'amélioration.*

Indépendamment de l'étude et de l'achèvement des routes, et de l'établissement des divisions nécessaires, selon l'indication que nous avons donnée, pour faciliter l'application et le contrôle de l'aménagement, il est utile de faire des repeuplements dans les parties dénudées ou très éclaircies, soit par plantation, soit par semis.

Plantation. — La plantation au Risoux et à Bataillard nécessite l'établissement de pépinières sur place. Des essais ont été déjà faits, et il n'est pas douteux que l'on puisse réussir.

La nécessité des pépinières sur place résulte de la difficulté de se procurer des plants venus dans les mêmes conditions de climat que ces forêts. Au printemps, lorsqu'on peut faire les plantations au Risoux, les plants des pépiniéristes, dont les établissements sont ordinairement dans les bons climats, sont en pleine végétation. Si on les transporte alors, comme ils sont très délicats en ce moment, les plantations auront peu de chance de succès. Si on les transporte avant que la séve soit en mouvement, ils arriveront au Risoux dans de mauvaises conditions, et on devra les conserver longtemps en jauge. La plantation d'automne ne sera souvent pas plus avantageuse, car ordinairement à partir du mois d'octobre, le sol du Risoux ne se prête plus à ces travaux.

La plantation est d'ailleurs plus coûteuse que le semis, même en la limitant comme il convient de le faire au Risoux, à mille pieds par hectare, ce qui suppose un espacement de trois mètres environ entre les plants.

Semis. — Le semis paraît devoir être préféré. Il conviendra de le faire par potets de 15 à 20 centimètres de côté. Il faut seulement retourner le gazon sur place, l'ameublir un peu avec la pioche, semer la graine et recouvrir de terre.

Les grands potets avec gazon rejeté en dehors seraient plus sujets à se dessécher que les petits potets avec gazon simplement retourné et un peu ameubli. L'herbe ainsi retournée conserve la fraîcheur du terrain et sert d'engrais.

L'espacement des potets devra être, comme celui des plants, de 3 mètres environ, c'est-à-dire à raison de 1,000 plants par hectare plein.

Epoque des repeuplements. — Le printemps, dès que la terre est suffisamment réchauffée, paraît être, sur les hauts plateaux du Risoux, la meilleure époque pour semer et pour planter.

Par les temps humides, lorsqu'on aura des pépinières sur place, on pourra planter avec succès pendant toute la belle saison.

Choix des espèces à adopter pour les repeuplements. — Lorsqu'un sol de forêt a été, ainsi que celui du Risoux, épuisé par la production d'une essence exclusive et maintenue en massif trop serré, les repeuplements avec des espèces différentes de celles de la forêt offrent plus de chances de réussite. Dans les intervalles des semis et des plantations, l'essence de la forêt se reproduit naturellement et vient mieux dans le mélange. C'est là ce qui explique le succès des plantations d'épicéa dans les forêts de sapins et dans les bois feuillus. On devra par ce motif préférer le mélèze, les érables et le frêne. Dans chaque potet il suffira de mettre une petite pincée de graine. Au bout de quelques années on pourra prendre des plants dans les potets.

Il faudra environ par hectare 1/2 kilog. graine de mélèze.

— . 2 kilog. — érable et frêne.

C'est le mélèze que nous conseillons de préférence. Nous pensons qu'il convient de le faire entrer pour moitié dans les repeuplements et de le faire alterner avec les essences feuillues érable et frêne.

Pour les plantations avec les plants de pépinière, il faudra employer des plants de deux et trois ans, ne pas creuser les trous profonds ni à l'avance, retourner le gazon sur les racines, et quand on aura des pierres plates à portée, en mettre autour des plants sur la terre tassée auparavant avec le pied.

Un manœuvre peut faire mille potets, soit un hectare, dans sa journée, et le prix de revient de l'hectare de semis sera de 4 à 5 francs.

Il pourra planter environ 400 plants par jour, et l'hectare de plantation reviendra à 14 ou 15 francs.

Les travaux de repeuplement seront faits dans les coupes de régularisation seulement, et immédiatement après l'exploitation.

8° *Cahier d'aménagement.*

Le cahier d'aménagement se composera, d'après les indications que nous avons données au *Traité forestier pratique, manuel du propriétaire de bois* [1], savoir :

1° Des renseignements statistiques, qui se compléteront à mesure que l'on aura de nouveaux renseignements à consigner ;

2° De l'étude de la forêt, sous forme d'état, modèle annexé ;

3° De l'état de prévision des coupes, id.

[1] 1870. J. Jacquin, imprimeur à Besançon, Grande-Rue, 14.

4° De l'état de la futaie réservée, modèle annexé.

5° De l'état de la futaie abandonnée à l'exploitation, id.

6° De l'état des travaux d'entretien et d'amélioration.

7° De l'état des chemins et servitudes de la forêt.

IV.

RÉSULTATS DE L'AMÉNAGEMENT.

L'aménagement du Risoux, ainsi que nous venons de l'exposer, dégagé de toute idée systématique et ramené aux enseignements de l'expérience, avec un contrôle sérieux, donnera, nous n'hésitons pas à l'affirmer, de meilleurs résultats s'il est appliqué par les communes, que s'il est appliqué par l'administration forestière.

L'enseignement que reçoivent les agents forestiers les rend plus propres à juger les pratiques de l'expérience et à les diriger qu'à les appliquer eux-mêmes. N'ayant plus à faire un travail matériel inutilement exagéré et qu'ils ne peuvent, par cette raison, exécuter avec tout le soin désirable, ils seront mieux dans leur rôle comme guides et contrôleurs des opérations des communes et pourront rendre de véritables services.

Il est facile de prévoir les résultats de l'aménagement du Risoux. Débarrassée de bois surannés et d'une partie du matériel en excès, éclaircie ensuite dans les jeunes peuplements, la forêt reprendra vigueur, le sol s'améliorera, et les semis naturels ne tarderont pas à reparaître et à compléter les intervalles laissés entre les repeuplements artificiels.

Le contrôle établi par le cahier d'aménagement permettra d'apprécier les avantages du traitement dont on pourra juger avec certitude au bout de quelques années. L'accroissement moyen de quatre mètres cubes par hectare et par an, d'après l'ancien aménagement, sera certainement dépassé. On enlèvera en moyenne, outre les bois secs, chablis et atteints du bostriche, six mètres cubes par hectare et par an, et nous n'hésitons pas à affirmer que le matériel des bois sur pied que contiendra la forêt à la fin de l'aménagement, sera au moins égal à celui qui existe actuellement.

Il n'est pas impossible, malgré le mauvais état actuel du Risoux, qu'avant ce terme de vingt ans, il soit nécessaire d'augmenter les possibilités. Le contrôle de l'aménagement indiquera ce que l'on devra faire.

A l'expiration de la révolution de vingt ans, il sera fait de nouvelles prévisions d'exploitation. On possédera alors les renseignements les plus complets pour se diriger dans cette nouvelle opération. Nous nous bornerons pour le moment à reproduire le principe dont on ne doit pas se départir dans le choix de la révolution.

Le terme d'exploitabilité des bois ne doit pas dépasser cent à cent dix ans.

Le matériel nécessaire pour utiliser toute la fertilité ne peut être obtenu avant l'âge de cinquante ou soixante ans, et ce n'est qu'à ce moment qu'il sera possible d'achever l'enlèvement des vieux bois.

Le terme le plus long pour lequel l'aménagement peut être établi, la révolution définitive en langage forestier, ne doit par conséquent pas dépasser cinquante ans, différence entre le terme d'exploitabilité et l'âge auquel les jeunes bois peuvent fournir un matériel suffisant.

Mais il sera toujours préférable, sans se préoccuper du terme d'exploitabilité des bois, d'aménager pour une révolution moins longue et telle qu'il soit facile d'embrasser pour toute sa durée le traitement de la forêt et les besoins de la consommation et des communes propriétaires, véritables données de l'aménagement. La marche de l'accroissement, dont il sera toujours facile de se rendre compte par le cahier d'aménagement, indiquera suffisamment les exploitations à faire.

RÉSUMÉ GÉNÉRAL ET CONCLUSION.

Le but de cette étude était de rechercher :

1° Les causes du dépérissement du Risoux.

2° Les moyens de l'arrêter.

3° Et la marche à suivre pour rétablir la forêt.

La cause première du dépérissement du Risoux est ancienne. Nous avons vu qu'antérieurement aux aménagements faits depuis 1857, les exploitations ne représentaient que le quart environ de l'accroissement annuel ; que l'on a extrait des peuplements mélangés le hêtre et le sapin pour avoir des peuplements d'épicéa pur, et que les exploitations portaient sur les meilleurs arbres.

La suppression du sapin et surtout du hêtre n'a pas été favorable, et l'insuffisance des coupes, dans lesquelles on enlevait les meilleurs arbres, avait pour effet d'accumuler un excès de matériel et de perpétuer, entre des bois qui avaient souffert et qui étaient laissés en trop grand nombre, une lutte épuisante, dont les conséquences ont été le ralentissement de la végétation, l'appauvrissement du sol et le dépérissement de la forêt.

Tel était l'état du Risoux en 1857, époque des premiers aménagements qui ont changé le traitement ancien. D'une forêt dont la consistance uniforme présentait presque partout des bois de différents âges, généralement en massifs très serrés, on a voulu faire une forêt composée de bois d'âges gradués. Cette transformation, qui nécessitait des combinaisons de traitement compliquées et dangereuses et dont l'essai a provoqué des désastres, exigeait d'énormes sacrifices, car l'exploitation d'une grande partie du Risoux devait être très longtemps différée.

Dans les parties qui devaient être régénérées les premières, on a fait des exploitations trop fortes, qui ont entamé des massifs que l'on aurait dû traiter avec beaucoup de ménagements. Les arbres réservés comme porte-graines, n'ayant pas de solidité, et par leur nombre trop restreint ne laissant pas aux peuplements assez de consistance, ont été en grande partie renversés par les vents. Le sol, qui ne se composait souvent que de terreau recouvert de mousse, se trouvant tout à coup dénudé, a été presque complétement détruit par l'action énergique des météores, et il ne s'est pas produit de semis naturel.

Dans les parties dont la régénération devait être différée, on a souvent cessé, pour ainsi dire, toute exploitation, et le dépérissement s'est accru.

L'ouragan de 1864 a trouvé la forêt ouverte sur plusieurs points, et a occasionné de grands ravages.

Par suite des formalités administratives et des lenteurs qu'elles entraînent, les bois renversés ont séjourné longtemps sur le sol. Le bostriche, qui trouve les circonstances les plus favorables à son développement dans ces abatis d'arbres où la séve est en stagnation et fermente, s'est multiplié dans des proportions extraordinaires; aucune mesure n'a été prise pour arrêter ses progrès, et il se répand dans les massifs, attaquant et faisant périr en peu de temps les arbres même les plus vigoureux.

Le dépérissement du Risoux s'explique donc par les vices du traitement et par les exigences d'un régime forestier qui n'a pas su faire appel au concours des communes.

Le moyen d'arrêter le mal est de prendre immédiatement des mesures contre le développement du bostriche et de changer le mode d'administration. Nous avons indiqué comment on doit combattre le bostriche, et donné le plan d'un aménagement qui conduira sûrement et le plus promptement possible au rétablissement des forêts.

Cette étude a mis en évidence plusieurs réformes d'un caractère général et indispensables pour prévenir le retour des abus que nous avons dû signaler et pour assurer une bonne administration des sapinières communales. Nous pensons, en terminant, devoir les rappeler sommairement :

1° Le système d'aménagement adopté par l'administration forestière n'est pas conforme à la loi de l'accroissement des bois en forêt, et ne peut assurer ni le revenu le plus élevé ni le rapport soutenu.

2° L'administration forestière agit sans contrôle ; les décrets d'aménagement qu'elle fait rendre contiennent des prescriptions contraires à la loi, et des modifications législatives sont nécessaires pour empêcher l'arbitraire qui en résulte et élargir les attributions des communes dans l'administration de leurs bois.

3° L'abandon du système d'aménagement adopté, et le retour aux pratiques justifiées par l'expérience, permettra aux communes d'administrer sous la surveillance des agents forestiers, dont le véritable rôle est de diriger et de contrôler la gestion et non de s'en charger eux-mêmes.

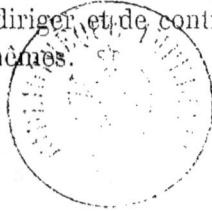

BESANÇON, IMPRIMERIE DE J. JACQUIN.

ÉTUDE PRÉPARATOIRE.

FORÉT de ___

DIVISIONS.		CANTONS.	AGES.	NATURE DES PEUPLEMENTS.	MATÉRIEL		Ordre de succession des exploitations.	RENSEIGNEMENTS ET OBSERVATIONS.
Lettres.	Surfaces.				existant.	à enlever.		

ÉTAT DE PRÉVISION DE COUPES POUR UNE DURÉE DE   ANS.

FORÊT de

DIVISIONS.	ANNÉES de l'exploitation.	DESCRIPTION SOMMAIRE DES EXPLOITATIONS.	ÉVALUATION DES PRODUITS EN MATIÈRE.					
			COUPES PRINCIPALES.		COUPES D'ÉCLAIRCIE.		COUPES DE NETTOIEMENT.	
			Prévision.	Réalisation.	Prévision.	Réalisation.	Prévision.	Réalisation.

ÉTAT DE LA FUTAIE EXPLOITÉE.

FORÊT de …   …   …   …   …   …   … Division …   …   …   … Contenance …

CIRCONFÉ-RENCE à 1m83 de hauteur.	ESSENCE		ESSENCE		ESSENCE		ESSENCES DIVERSES.		OBSERVATIONS.
	Nombre d'arbres.	Cube en grume.	Nombre d'arbres.	Cube en grume.	Nombre d'arbres.	Cube en grume.	Nombre d'arbres.	Cube en grume.	

ÉTAT DE LA FUTAIE RÉSERVÉE.

FORÊT de _____ _____ _____ Division _____ _____ Contenance _____ _____

CIRCONFÉRENCE à 1m33 de hauteur.	ESSENCE		ESSENCE		ESSENCE		ESSENCES DIVERSES.		OBSERVATIONS.
	Nombre d'arbres.	Cube en grume.	Nombre d'arbres.	Cube en grume.	Nombre d'arbres.	Cube en grume.	Nombre d'arbres.	Cube en grume.	

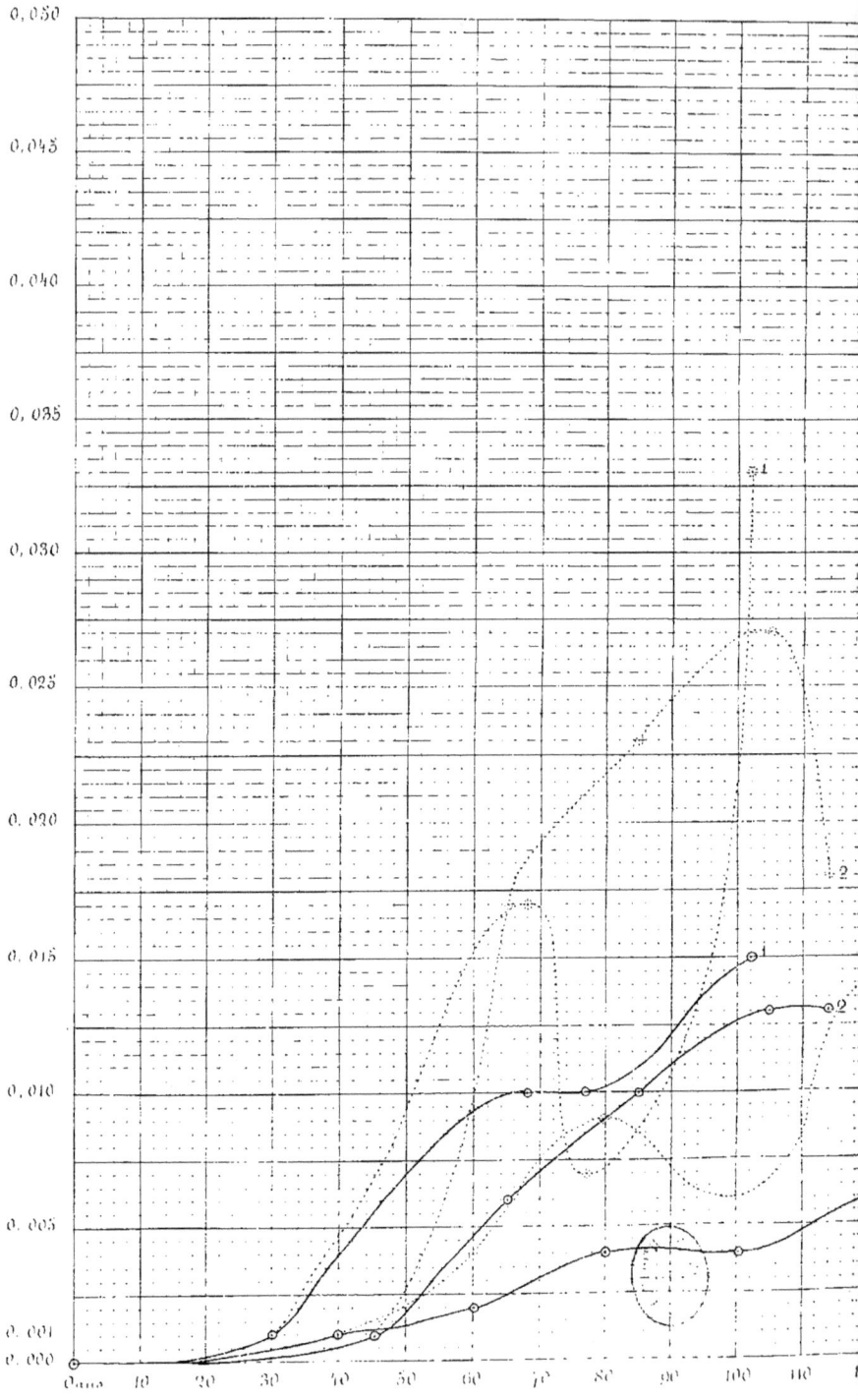

DONNÉES pour la construction des Courbes.

NUMÉRO d'ordre des ARBRES.	NUMÉROS des PÉRIODES.	AGES.	VOLUME TOTAL.	ACCROIS-SEMENT moyen.	DURÉE des PÉRIODES.	ACCROIS-SEMENT pendant la PÉRIODE.	ACCROIS-SEMENT annuel.
			mc.	mc.	ans.	mc.	mc.
	1	20	0.010	0.001	30	0.010	0.001
1	2	68	0.646	0.010	38	0.636	0.017
	3	77	0.712	0.010	9	0.066	0.007
	4	102	1.526	0.015	25	0.814	0.033
	1	45	0.029	0.001	45	0.029	0.001
	2	65	0.361	0.006	20	0.332	0.017
2	3	85	0.826	0.010	20	0.465	0.023
	4	105	1.363	0.013	20	0.537	0.027
	5	114	1.526	0.013	9	0.163	0.018
	1	40	0.016	0.001	40	0.016	0.001
	2	60	0.100	0.002	20	0.084	0.004
3	3	80	0.284	0.004	20	0.184	0.009
	4	100	0.408	0.004	20	0.124	0.006
	5	120	0.690	0.006	20	0.282	0.014
	6	147	0.877	0.006	27	0.187	0.007

140   150   160   170   180   190   200   210   220   230   240   250

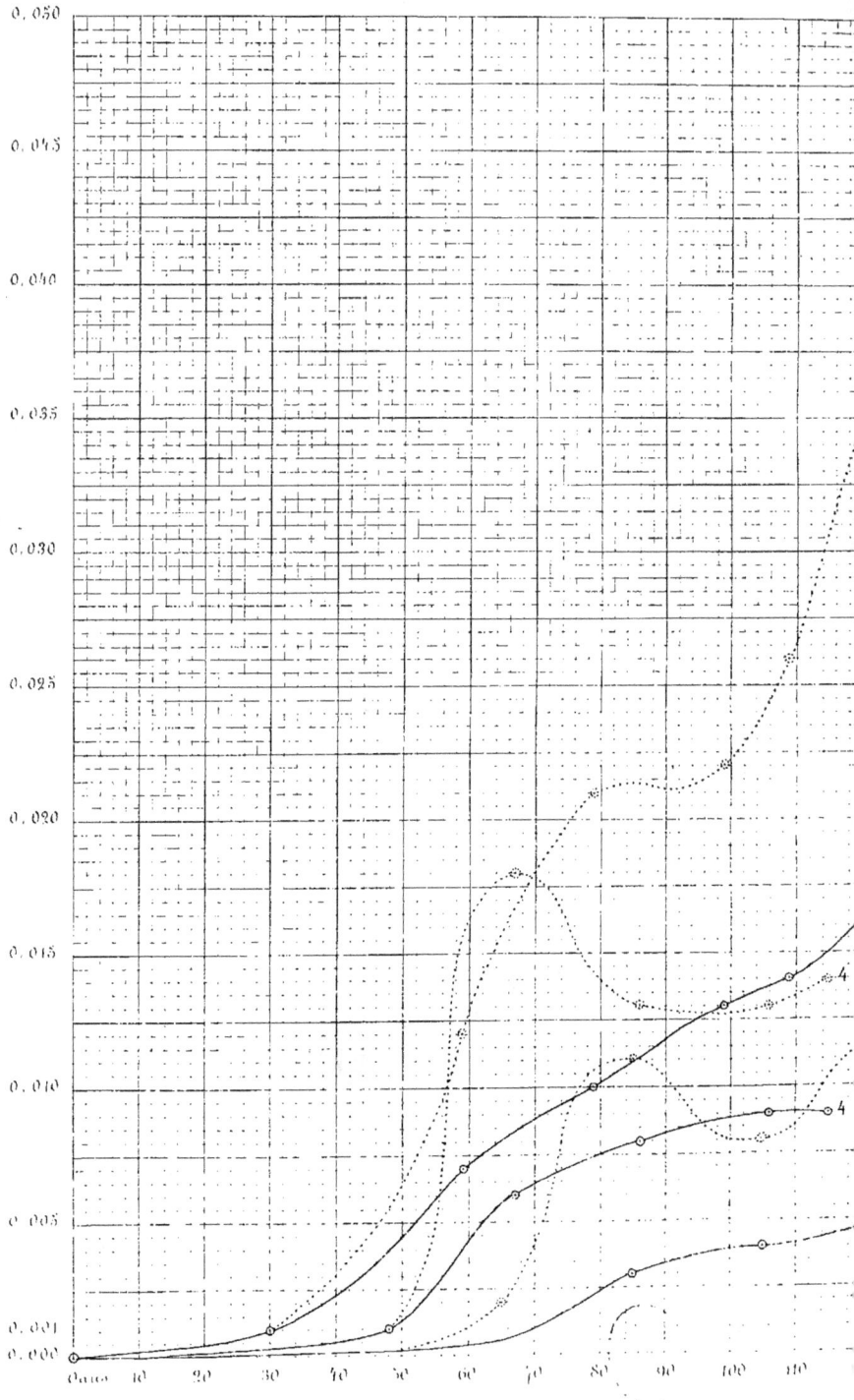

Planche II.

DONNÉES pour la construction des Courbes.

NUMÉRO d'ordre des ARBRES.	NUMÉROS des PÉRIODES.	AGES.	VOLUME TOTAL.	ACCROIS- SEMENT moyen.	DURÉE des PÉRIODES.	ACCROIS- SEMENT pendant la PÉRIODE.	ACCROIS- SEMENT annuel.
			mc.	mc.	ans.	mc.	mc.
	1	48	0.047	0.001	48	0.047	0.001
	2	67	0.390	0.006	19	0.343	0.018
4	3	86	0.646	0.008	19	0.256	0.013
	4	106	0.902	0.009	20	0.256	0.013
	5	115	1.032	0.009	9	0.130	0.014
	1	30	0.047	0,001	30	0.047	0.001
	2	59	0.408	0.007	29	0.361	0.012
5	3	79	0.826	0,010	20	0.418	0.021
	4	99	1.266	0.013	20	0.440	0.022
	5	109	1.526	0.014	10	0.260	0.026
	6	132	2.671	0.020	23	1.145	0.050
	1	45	0.001	0.000	45	0.001	0.000
	2	65	0.038	0.000	20	0.037	0.002
6	3	85	0.250	0.003	20	0.212	0.011
	4	105	0.408	0.004	20	0.158	0.008
	5	125	0.646	0.005	20	0.238	0.012
	6	147	0.826	0.006	22	0.180	0.009

140 150 160 170 180 190 200 210 220 230 240 250.

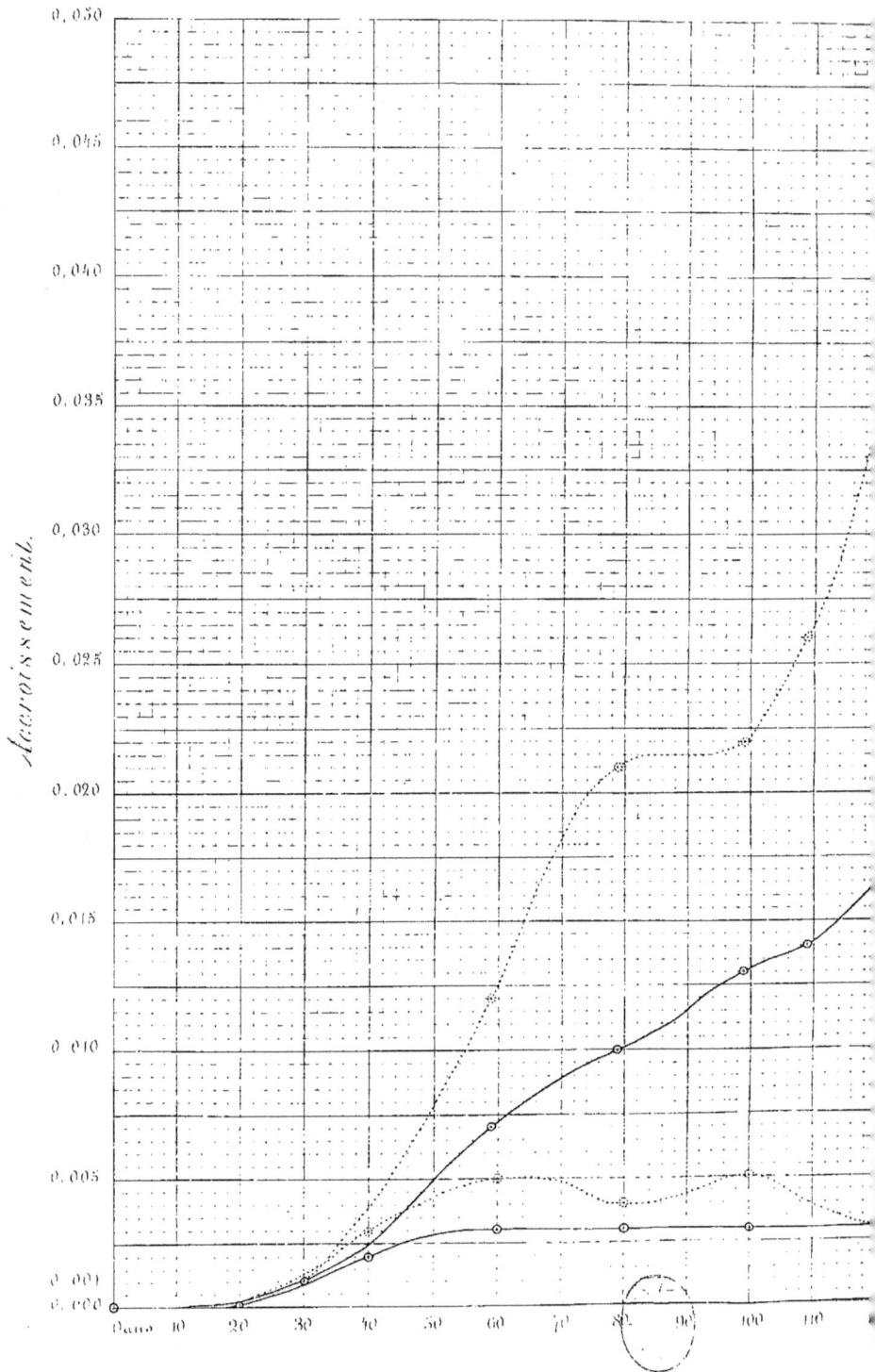

DONNÉES pour la construction des Courbes.

NUMÉRO d'ordre des ARBRES.	NUMÉROS des PÉRIODES.	AGES.	VOLUME TOTAL.	ACCROISSEMENT moyen.	DURÉE des PÉRIODES.	ACCROISSEMENT pendant la période.	ACCROISSEMENT annuel.
			mc.	mc.	ans.	mc.	mc.
	1	30	0.047	0.001	30	0.047	0.001
	2	59	0.408	0.007	29	0.361	0.012
	3	79	0.826	0.010	20	0.418	0.021
5	4	99	1.266	0.013	20	0.440	0.022
	5	109	1.526	0.014	10	0.260	0.026
	6	132	2.671	0.020	23	1.145	0.050
	1	20	0.001	0.000	20	0.001	0.000
	2	40	0.069	0.002	20	0.068	0.003
	3	60	0.164	0.003	20	0.095	0.005
7	4	80	0.250	0.003	20	0.086	0.004
	5	100	0.345	0.003	20	0.095	0.005
	6	120	0.408	0.003	20	0.063	0.003
	7	140	0.518	0.004	20	0.110	0.006
	8	160	0.006	0.004	20	0.088	0.004
	1	150	0.043	0.000	150	0.043	0.000
	2	170	0.213	0.001	20	0.170	0.009
8	3	190	0.345	0.002	20	0.132	0.007
	4	210	0.491	0.002	20	0.146	0.007
	5	230	0.646	0.003	20	0.155	0.008
	6	248	0.826	0.003	18	0.180	0.009

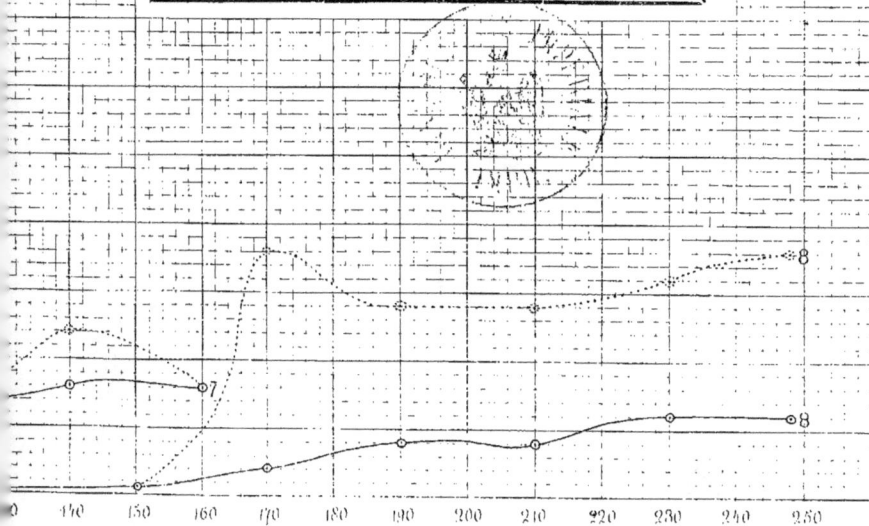

140   150   160   170   180   190   200   210   220   230   240   250

www.ingramcontent.com/pod-product-compliance
Lightning Source LLC
Chambersburg PA
CBHW071514200326
41519CB00019B/5941